READING PEOPLE
如何提升性格优势

9大维度解析性格的奥秘

[美] 安妮·博格尔（Anne Bogel）◎著

张文语 ◎译

中国 友谊出版公司

图书在版编目（CIP）数据

如何提升性格优势 /（美）安妮·博格尔著；张文语译 . -- 北京：中国友谊出版公司，2019.3

书名原文：Reading People : how seeing the world though the lens of personality changes everything

ISBN 978-7-5057-4585-8

Ⅰ . ①如… Ⅱ . ①安… ②张… Ⅲ . ①性格－通俗读物 Ⅳ . ① B848.6-49

中国版本图书馆 CIP 数据核字 (2019) 第 005064 号

书名	如何提升性格优势
作者	[美] 安妮·博格尔
译者	张文语
出版	中国友谊出版公司
发行	中国友谊出版公司
经销	新华书店
印刷	河北鹏润印刷有限公司
规格	880×1230 毫米　32 开
	8.5 印张　147 千字
版次	2019 年 3 月第 1 版
印次	2019 年 3 月第 1 次印刷
书号	ISBN 978-7-5057-4585-8
定价	45.00 元
地址	北京市朝阳区西坝河南里 17 号楼
邮编	100028
电话	(010) 64678009

多年来，一直相信她是我们的引导者，现在安妮·博格尔终于为我们写了一本书！这是一本我甚至都不知道自己在一直等待的书。我迫不及待地要和自己认识的每个人分享了。

——艾米丽·P. 弗里曼（Emily P. Freeman），

《华尔街日报》畅销书《简单星期二》（Simply Tuesday）作家

安妮·博格尔是一位头脑聪明、颇具见地、心地善良的女士。她的话总是能够让我点头称赞："我想我是唯一的那个！"这本书以及她将来的所有的书，都会在我的书架上占有重要的位置。世界都会因为她的洞见变得更加的美好。

——塔什·奥克森瑞德（Tsh Oxenreider），《世界上的温暖》（At Home in the World）和《蓝色自行车说明》（Notes from a Blue Bike）

作为喜欢分析自己、家人、朋友以及每一个人的独特之处的一个人，我极其喜欢《如何提升性格优势》这本书。这本书并非只是单纯地影响了已经当上母亲的我，通过安妮给出的研究、数据和例子，我能够更好地理解人们的内在，帮助自己处理各种关系。真的，读过这本书后，我觉得自己成了一个好妻子、好母亲、好职员和好同伴，我真的变得更好了！

——克里斯特尔·潘恩（Crystal Paine），《纽约时报》畅销书《向被迫谋生说再见》（Say Goodbye to Survival Mode）作者，和"省钱妈妈"（MoneySavingMom.com）网站创始人

你拿起这本书可能是因为你想了解你周围人的为人如何，我该怎么说呢，有点难。这本书肯定会帮助你更好地理解他们，但是我猜想你在这个过程中可能会更好地理解自己。安妮清楚地介绍了多种观察、理解自己和他人人格的方法。这本书能够帮助你成为更好的父母、配偶、朋友、老板、雇员等等。人际关系是我们存在的核心，你手中的这本书能够帮你的人际关系向更深和更持久的方向发展，因为你对自己和周围的人将会有更深的理解。

——婕咪·艾维（Jamie Ivey），播客"欢乐时光"
（Happy Hour）的作者和主持人

多年来，我一直在问安妮，我们最应该读什么书。在第一眼看到这本书时，我就认为这本书适合所有热爱读书之人——事实证明的确是这样。这本书太令人惊喜了！你会发现，书籍本身不是我们唯一能读的东西，这本书会不断地提示你，你最应该读的，就是此时捧着书的你自己。

——密奎伦·史密斯（Myquillyn Smith），
《巢穴》（*Nesting Place*）作者

无论你是九型人格、MBTI 等人格测试的专家，还是初次想要了解人格的"小白"，你都会在《如何提升性格优势》这本书中有极大的发现和收获。安妮不但对能够测量我们人格特性的测试进行了介绍和说明，而且更重要的是，她透过这些测试告诉了我们一个美好的事实：我们的人格本身才是让我们变得独特、友好和迷人的关键所在。

——赛斯·海恩斯（Seth Haines），

《坦诚面对》（*Coming Clean*）作者

《如何提升性格优势》是一本能够改变你的格局和影响力的书。它让我们以一种更加亲切的方式来看待自己和他人，并为我们建立更强大和更健康的人际关系提供了有效方法。安妮·博格尔颇具洞见，她的文字不仅易于理解，而且富有生命力！

——杰西卡·N. 特纳，

《零碎时间》（*The Fringe Hours*）的作者

安妮·博格尔提供了一份洞察人性的有效指南，它能够帮助你很快看清各种做作、虚伪的人格小把戏。这是一本关于九型人格，MBTI 和其他性格测试工具的简易指南，其中的故事都来自于她的个人成长和广泛的阅读经历。

——艾德·伊赛斯基（Ed Cyzewski），《基督徒生存指南》

（*A Christian Survival Guide*）和《咖啡馆神学》（*Coffeehouse Theology*）作者

引　言

红遍社交网络的人格测试

当前，一种前所未有的人格测试正在席卷整个网络，这种测试让人欲罢不能。例如，测试会问，你是《星球大战》中的什么角色？什么样的餐厅风格能够描述你的性格？霍格沃茨学校中哪个学院适合你？你最适合住在哪座城市？瑞恩·高斯林（Ryan Gosling）所饰演的角色中，哪一位是你的灵魂伴侣？你的超能力是什么？

这些令人上瘾的测试很容易让人深陷其中、无法自拔。我的"脸书"（Facebook）经常被这样的测试题"刷屏"。人们无法抵御点开这种测验并分享测验结果的诱惑——不论这些测验题目是多么的无聊，或者其提供的帮助是多么的有限。人们喜欢这类测试的另一个原因，是我们总能在测试中看到自己和他人的不同——不论是在穿衣选择还是在恋爱风格上，而发现这些不同之处会让人感到莫名其妙的愉悦。一些不苟言笑的评论家认为，我们之所以沉溺在这些简单甚至肤浅的人格测验中，是因为我们无法应对现实生活中的复杂性。但我认为，这种测试潮流指出了一些更为重要的内容。

我们并不是仅仅寻找在网上消磨 5 分钟时间的方式。我们的办法或许值得商榷，但是动机十分纯粹：我们真的想更多地了解自己以及周围的朋友。我们认为，了解自己和所爱之人的性格，我们的生活会变得更好。我们想知道自己为什么做正在做的事，为什么想正在想的问题，为什么按当前的方式行动，以及为什么别人也有特定的行为方式。

虽然我们的初衷很好，但是真正要了解性格并不像在网上做几个性格测验那么简单。我们惊讶地发现，认识性格是一件很难的事。因为性格有非常多的侧面，而且它复杂多变。只要回顾一下自己的经历就能知道，5 年前的你和现在的你可能都完全不一样。既然不知道从哪里开始"下手"，我们当然会希望以一种简单的方式去理解性格。例如，我们会想知道哪一种香水与自己的气质相符，或者简·奥斯汀（Jane Austen）的小说中哪一位男主角才是我们的真命天子。不过，只有当我们了解了这些测试所反映出的人格信息，然后用开朗乐观的娱乐精神（也可以多那么一点儿严肃和自我反思）来对待这些问题，或许就能真正得到一些足以改变我们生命的重要信息。也就是说，我们可以更好地读懂自己和他人。

你到底是谁呢？

尝试着对自我做出定义并不是由社交媒体驱动的潮流。我们对于理解自我的集体着迷，特别是在人格理解方面，其根源远比互联网时代更为久远。很久以来，我们就知道生命并不始于完全相同的白纸。数千年来，作家、哲学家都曾指出人性之中的差异。不管是在苏格拉底还是莎士比亚的著作中，也不管是在沙漠教父还是美国开国之父的著作中，我们都可以找到对性格的论述。保罗曾给哥林多人写道：恩赐原有分别，圣灵却是一位。我想他说的恩赐不光是精神性的恩赐，同时也包括性格特征。

当我们谈论某人的性格时，是说那些让人变得独一无二的思想、情感和行为模式。性格能够描绘出是什么让我们感到放松、激动、愉悦或者难过。这一系列的特性很大程度上决定了你是一个什么样的人。

最近的研究表明，这些性格特征都是相关联的。它们往往具有遗传性，并在我们的一生中保持不变。不管我们是外向还是保守，精力充沛还是沉默寡言，对于这些特征我们既不该予以嘉奖也不该予以谴责。我们天生如此，独一无二，没有办法让自己切换到另外的人格模式。

虽然性格是决定我们是谁的关键，但其仍然只是诸多因素中的一种。许多重要的特征并不在人格范围之内。善良、慷慨、诚实、耐心——这些个性特征都与性格相互作用但又与性格有着明显的不同。人们很容易把性格和个性混为一谈，这个是普遍的错误。不管是在现实生活还是小说中，我们都遇见过迷人但歹毒的人。

我们都有一些表现得"与原性格不符"的时候，我们的行为会随着情绪和所处环境的变化而改变。比如，人们意识到自己在镜子中时，所表现的行为就会与平时有所不同。每个人都会在某些时候做某些事情（比如想要独处），但是有些人想要独处的时间可能要比普通人多出许多。我们的性格只能被管理（有人可能会说是，驯化），但个性却是可以被塑造的，尽管这并不容易，而且即便在努力之下仍是进展缓慢。我们绝大部分称之为个性的内容，都来自于我们的核心价值观念，而这些观念是极其难以改变的。

除了个性特征之外，我们还有独特的技巧、能力和热情。我们个人的经历、成长过程和烦恼塑造了现在的我们。这些和我们的性格相互作用，它们影响我们的方式甚至取决于我们的性格，但是它们和我们的性格并不相同。

我们是复杂而迷人的生物。我们性格是如此的多元，有无限种排列组合的方式，这让每个人都能成为全宇宙独一无二的生命体！

手握"性格地图"

改变核心性格特征虽说不是完全不可能的，但这的确非常困难。在很大程度上，性格就是我们必须学着适应的东西。这意味着，我们只能接受自己以及配偶、父母、孩子、老板、朋友或者邻居的性格。了解性格的很大一部分内容在于学着接受真正的自己，与自己和平相处。如果我们善于提升性格优势力，就不会停留在幻想之中。

我们对于性格了解得越多，就越会发现这种知识是多么的强大。本书中介绍的各种性格理论非常有助于我们理解下面的问题：为什么我们在做现在做的事情？为什么有些事情对一些人很简单，但对另外的人却很困难？为什么最亲爱的朋友所做的某些事情会让我们发疯？为什么我们忍受不了网络新闻、说唱音乐或者一些吐槽大会？此外，我们还会更好地理解他人，即使他们的想法、感觉和行为与我们完全不同。

在我们进一步了解他人的性格之前，他人的行为可能已经把我们搞糊涂了。我们不明白为何门铃响起的时候爱人反而要藏起来？为什么同事一定要弄清楚汉密尔顿每一首抒情诗的起源？为什么朋友非常喜欢和电话另外一端的客服小妹聊天？他们没有疯，他们只不过和我们不同而已。他们的内在与我们不同，而对于性格的洞见则会帮助我们更深刻地理解这点。

我认为，理解性格就像手拿一张好地图一样。这张地图不能带你去任何地方，也改变不了你所处的位置，你还是在之前所在的地方。但地图的目的并不是要改变你的位置，而是向你展示面前的情况。它是一个能够让你掌控全局的工具。

实用性极强的知识

近年来，我已经学会接受自己的性格特征，并以此调整自己的行为。而这在 10 年前，乃至两年前是绝对不会发生在我身上的。我学会了用对性格的洞见来帮助自己更好地行事，这包括：

• 以一种不仅能够生存同时还会茁壮成长的方式来构建自己的生活；

- 认识到自己什么时候会心情不佳，并如何处理这些感觉；

- 在圣诞期间的家庭聚会中，能冷静地保持个人魅力；

- 理解自己为什么接受不了动作片和恐怖小说；

- 对自己的生活作出规划，这样就不会在每天下午 4:00 的时候就累得不想工作了；

- 确认什么是自己的梦想工作，并远离那些会让自己变得浑浑噩噩的事情。

另外，通过学习性格，我收获了对于他人有用的见解。我从中得到的这些信息改变了我与他人合作的方式，弄清楚了：

- 为什么我的朋友喜欢喝 10 杯玛格丽特鸡尾酒，而其他人却喜欢喝 3 杯咖啡；

- 如何及时停止和丈夫无休止地争吵；

- 如何在充满嘈杂和疯狂的六口之家中保持理智（呃，大部分时间里）；

- 如何区分我的孩子是性格叛逆还是需要帮助。

这些只是一些我在生活中做出的具体的、实际的改变，主要得益于我对于本书中所提到的人格框架的理解。这种知识不需要大量的研究或者长时间的调查。为了理解这种框架，并梳理从中得到的关于自己和他人性格的认识，我所做的只是给自己提出正确的问题，并关注生活中某些特定的时刻。我相信你也会从中受益良多。

扭转一切的洞察力

你看过电影《第六感》（*The Sixth Sense*）吗？好吧，我承认我只是看过几个片段而已，并没有看完整部电影，因为我属于高敏感人群（HSP），M. 奈特·沙马兰（M. Night Shyamalan）先生实在是把我吓坏了（我们会在第三章中谈论到高敏感人群）。但是这部电影的影响已经渗入到流行文化之中，即便是没有看过电影的人，也知道那个曲折的结局。

这部超自然的惊悚片讲述了一段发生在小男孩柯尔·希尔（Cole Sear）和一位试图帮助他的精神病医生马尔科姆·克罗博士（Dr. Malcolm Crowe）之间的故事。柯尔拥有与逝者交流的秘密能力。通过教导柯尔运用秘密能力来帮助、释放那些吓到自己的鬼魂，克罗博士隐隐意识到，他并不是受到召唤才来帮助柯尔的。或许，事情的真相完全相反。

在电影令人意外的结尾中，我们发现克罗其实从一开始就已经死了。这也就解释了为什么克罗的妻子不和他说话，为什么她不承认克罗的存在。在近两个小时的电影放映过程中，观众一直被引导着，相信克罗的妻子之所以忽视他，是因为他们糟糕的婚姻状况，但结果却是她看不到克罗。在这个反差巨大的结局被揭示出来之后，我们的大脑感到一阵眩晕。我们在脑海中将电影情节来回翻转，试图将这一关键信息与我们对电影的理解统一起来，从而看到电影中的整个事件不同的一面。一旦我们知道克罗已经死了，故事的叙述就发生了改变，一切也都变得合理起来。然而，当我们第一次看这部电影的时候，并没有察觉出什么不对劲的地方。

这里有个更贴切的例子。你是否经历过很糟糕的一天？这天，所有的事都出乎你的意料之外，你非常疲惫、悲伤和焦虑，没有人喜欢你，你也不喜欢他们，你不知道究竟是什么让事情变得如此糟糕。之后，你吃了一个三明治（或者，更好，打了个盹），然后感觉自己整个人都焕然一新。你突然意识到并没有什么不对劲的事情。你生气只是因为太饿了，或者太困了而已。（你知道这是什么意思，对吧？）

这些小小的洞察力完全改变了你数小时之前的感受。

如果你是一名家长，你应该对这种情景感到熟悉：你两岁的孩子整个下午的状态非常糟糕。他不吃零食，不穿衣服，除了"不"之外不说任何话，唯一做的就是毫无理由地哭闹。你害怕自己是一名不负责的家长，害怕是因为自己不成熟的教育毁了一切，于是努力地引导他玩耍、学习。直到睡前的 3 小时，当孩子最终精疲力竭，倒在沙发上呼呼大睡时，你才意识到——孩子没有发疯，也没有着魔，他只是睡眠不足而已。

对如何提升性格优势力也是同样如此。一条关键信息就能改变我们的整个思维模式——世界突然间变得很合理了。

本书中的内容能够引导你发现，是什么因素会让你变得紧张不安，以及它为什么会让你变成这样。它们还能够帮助你理解是什么造成了关系中的摩擦，又该如何去处理这种情况。总之，它们能够帮助你擦亮眼睛，让你弄清楚究竟是什么让你变成现在这副糊里糊涂、神经错乱的模样。

不幸的是，找到关于我们性格的信息并不是一个简单的过程。这个过程说不上复杂，只是人们很难直视自己的本性。这也就是为什么我依赖与人格框架这个工具。这个框架给了我们重新看待自我的眼睛。

通过他人的眼睛看世界

我是个非常热爱阅读的人。事实上，我有一个叫时尚达西女士（Modern Mrs. Darcy）的博客（modernmrsdarcy.com）。我在博客中分享自己正在读的书籍，并向他人推荐；或者，我会将在书中读到的内容与自己的实际生活联系到一起，并与读者分享感悟。

我读过各种各样的书籍，涉及不同类型的题材。但我真正喜欢的，是打开一本好的小说，然后进入一个300页的世界。在读一个伟大的故事时，我能够通过别人的视角去体验不一样的世界。我虽然永远也不能成为一名小男巫，但 J. K. 罗琳让我体会到了，一个背负着可怕责任的孩子会是什么样子（并不是挥舞着魔杖、骑着扫帚这么简单）。我虽然生活在21世纪，但简·奥斯汀让我感受到了生活在200年前的英格兰乡村的乐趣和危险。我虽然有一个美好的童年，但露西·蒙格玛丽让我经历了有人告知自己不被需要时的刺痛，和那种无人爱护关心的孤独。

我非常喜欢书中的人格描写，因为它们让我体验到了和阅读小说时同样的经历。

我们都以第一人称的身份活着。我们只能通过自己的眼睛去体验世界。但是，每一种人格框架，如果你使用得当，都能让你用他人的视角去观察世界。这是尝试新的身份和不同世界观的简单方法。即便只通过别人的眼睛看到了世界的一瞥，我们也难以忘记那个视角。因为它改变了我们，也改变了我们阅读他人、理解他人的方式。

关于这本书

多年来，我一直在博客上分享一些与性格相关的故事。在与读者的互动中，我听到了性格学习是如何帮助他们中的许多人的。但对于许多想更多了解这些框架的人来说，一个很大的障碍就是要面对的巨量信息。这些信息之多，简直是令人难以承受的。人们不知道从哪儿开始，也不知道哪个框架最能帮助他们，或者可以在哪儿找到最好的资源，不知道在这个过程中为什么要如此费尽心力。

我在这本书中的目标有三部分，在这些篇章中，我希望：

1. 概述那些对我帮助最大的性格框架；
2. 让这些重要信息更容易获取，不那么让人望而生畏；
3. 突出其中有价值的见解。

请记住，我不是一名学者；只是一位旅行同伴，一位从同样的信息中获益、学会了关注正确时刻、对自己提出正确问题并作出相应调整的人。我会牵着你的手，向你展示我是如何将自己所学内容用于生活之中的，希望能够激励和引导你做出同样的事情。

你不必把这本书从头读到尾。实际上，我建议不要这样做。在读完第一章中关于我的"啊哈"时刻部分之后，你可以随意跳到你最感兴趣的部分。在这本书中，我没有分享所有性格框架，只是选择了最能帮助我的那些。现在，你要挑选出那些看起来能够帮助自己的内容了。读一些章节，做一两次评估，和朋友从头到尾地讨论一下，等你准备好了再返回到书本中来。有一些框架要比其他部分更容易理解，你在第一次读的时候，就能够明白它的意思；另外一些则需要你再读一次才能理解其深意。（在第七章中，我等着看你的表现）这本书等你来探索！

你不必成为一个性格方面的专家，才能够享受这本书带来的好处，但是你需要学习一些关于自己心理的专业知识。我会在这里，和你一起探寻这些问题。

目　录

10. 你的人格不是你的命运——人类能改变多少

1

我的"啊哈"时刻
——理解我的性格类型

ſ

在大约 10 岁的时候，我经历了一次难忘的家庭晚宴。从那以后，我开始对性格非常着迷。

事情是这样的：在吃饭时，我的母亲提到她们社区正在一起读一本新书。虽然这本书我从未听说过，其主题我也不甚了解，但妈妈对这本书的解说还是迷住了我。她说，古罗马时代的医生和哲学家们，曾按照人身上的"情绪特点"将人分成了4 类。他们相信每个人身上这些元素的独特组合决定了他们的性格。按照现代版本来说，这 4 类人分别是活跃型、能力型、完善型和平稳型。这些类型不分好坏，也不存在"正确的"答案，都是平等而真实的。但能确定的是，当你更好地理解自己，理解自己的优缺点、情感需求和驱动动机时，也就能更容易地理解他人，尤其是他们和你不一样的时候。

我求着妈妈把书分享给自己，然后认真地看起书来。在这几个小时中，我细心地研读，尝试着在这些书页上发现关于我和亲人的内容。我被迷住了。

我沉迷于这样的想法，渴望了解自己是谁，是什么让我做出这样的举动。我还希望能深入了解人生的一些重要问题，比如我该学什么？我该跟谁结婚？长大后我想成为什么人？我如何才能不要忘记在百货商店里买牛奶？

我曾猜想，这些问题应该有一个适合的"正确答案"。不论它是深刻的还是乏味的，只要找到了它，我的生活就会走在正确的道路上。

但事实上，了解了自己的性格类型并没有改变我的生活，至少从长远来看是没有。尽管我迷上了人格分类并开始学习更多的东西，但却发现，我对自己的人格类型理解错了。特别是当我把所学的东西应用到现实生活中的时候，我失败了，完全失败了。

你可能会说，稍等一下。性格类型不存在正确与错误一说吧？

对，也不对。

客观地说，当涉及性格类型时——至少根据本书中的框架——不存在优劣之分。没有哪种性格类型要比其他类型更坏或更好。但是，有些人还是要比其他人更适合做工程师、教师和管理人员,而另外的人则天然地更富有同情心,或更善于分析。所有的这些人组合起来才能构成一个更好的世界。

处理性格问题有一个错误的方式,而这是我在无意间发现的。

无心但常见的错误

当我最初试图弄明白自己的人格时,也是理解自己和他人关键的第一步,但我的出发点却搞错了。我没有问自己,自己真正是什么样子。相反,我问自己的是希望自己是什么样子。

这个无心犯下的错误隐藏得很好,以至我都没有意识到自己正在做这样的事情。(而且并不是我一个人这样做,当涉及性格框架体系时,这种情况一直在发生)。这种情有可原的错误破坏了我从经历中获取有用的自我知识的机会。

为了说明这种情况,让我告诉你,我是多么讨厌汽车停在车库的吧。我保证,两者是相关的。

我有一辆大型摩托车。其实,我想说的是它比自行车要大一些——我的空间知觉能力不是很好。其实这不是什么大问题,说实话，我的驾驶技术很好，但除了停车的时候。停车对我来说是很困难的。在近郊的露天停车场或者自己的车库中，我做得还行。但是在大型的停车库停车时，我就开始瑟瑟发抖了。

我不知道你所在城镇的停车库是什么样，但是我在本地停车库中经常会遭遇不快。为了避免摩托车的尾部超出停车位并挡住人行道，我总是想尽办法把车停得靠近车库。理论上，这不是什么大事。但是在实践中，这意味着我身体中的每个细胞都随着车的前端越来越靠近坚硬的混凝土墙而变得紧绷起来。我会感觉越来越不舒服，但我又控制不住自己。我担心自己如果一不小心加大了马力，就会听到一种令人讨厌的金属和混凝土发生碰撞的响声，而且接下来还要支付昂贵的维修费用。

当我在这些糟糕的停车库中停车时，我会把车停在自己能够忍受的足够近的地方。然后，我熄灭引擎，从车上跳下来，检查自己停的怎么样。结果，自己的车往往离混凝土墙还有半米远！我真希望自己不是在开玩笑。

我在性格框架方面的早期经历和在车库中停车非常相像。

我记得在大学里，自己第一次真正地全心投入到迈尔斯－布里格斯类型指标（MBTI）的测试之中。这个测试系统划定并描述了 16 种明显的性格，我们将在第六章中更多的学到这一部分。但是现在，不用多说，准确无误地界定自己的性格类型是很重要的。我花了数月研读各种资料，结果发现了令人兴奋和令人沮丧的信息。

当我第一次评估时，得到的结果很清楚：INJT。这些在你听上去可能就是一堆字母组成的字母形花片汤（alphabet soup），还是让我来解释一下吧。这个 INTJ 被称为建筑师、策划者、科学家一类的性格类型。鉴于我的成长经历和接受的教育，这个结果并不令人感到意外。很多 INTJ 从小就是书呆子。他们聪明、富有创造性、善于分析。他们更愿意独自工作，或者绝大多数情况下，在小团体中工作。这种类型的人通常都工作勤奋，意志坚定，而且富于批判精神，头脑清晰。他们还往往是完美主义者。他们长大后通常会从事软件和机械工程师、项目经理、市场分析师和律师一类的职业。

而且，我认识很多 INTJ 型的人，身边就有许多当律师和法官的。我非常了解这种类型的人和他们的性格特点，即使我之前不知道他们被贴上这样一堆字母标签。这类型人的技能在我所成长的家庭环境中很受重视。也许这就是为什么我很容易把自己当作 INTJ 型的人吧。而且由于很了解这个类型的人，我没有意识到在我想法中一个重要的错误。我没有把 INTJ 类型看作是成长的一种方式，而是看作了成长的唯一方式。因此，当性格测试认定我是一个理性主义类型的人，将来有可能成为一个了不起的律师时，我也没有感到太大的意外。

在我的臆断中，我完全误解了自己，但那时还没意识到这一点。相反，我还在自己的路上愉快地走着，相信自己是一个战略思想家或分析规划者，偶尔会好奇为什么这种"洞见"看起来并没有在日常生活中帮我太大的忙。我当时还认为自己的停车停得很好呢。但我错了。我的车头离障碍物还有很远的距离，而我的车尾也挡住了人行道。

我又花了数小时研究迈尔斯布里格斯类型指标的各种资料，然后再次陷入着迷和沮丧之中。我虽然再次找到了新的信息，但是没有得到任何清晰深刻的认识。

我并不是为了知识而寻求知识，而是想要实用信息。我从让我入迷的第一本性格书籍上看到：我可以通过更好地了解自己，从而更好地了解他人。不幸的是，那些信息并没有帮到我，虽然我理解了一般的性格分类系统，但是仍然不理解自己真正喜欢什么。我没有正确理解自己的性格。

古希腊的贤者之一，米利都的泰勒斯（Thales of Miletus）明确地说道："人生中最困难的事莫过于认识自己。"听到这句话的时候我感到非常认同。因为我们都遇到了2000多年前希腊人已确认过的一个关键问题：了解自己听起来容易，但是却出奇的复杂。在智者面前，我们就像一个孩子，没有长期建立起来的深层智慧。对于自己，我还有很多要学习的东西，而现在只是刚刚开始。

回想过去，我很想知道，我怎么会让自己犯了这么大的错误？我对自己的误解为什么如此之深？或许，是因为当时很年轻，我没有能够看清一个人的生活经历，即使那个人是我本人。然而，我把大部分责任归咎于自己一厢情愿造成的无知。

否认是一种强大的力量

我有一位朋友是产科医生。她接生过数千名婴儿，甚至包括有些快分娩了都不知道自己怀孕的女性。作为已经生了4个孩子的母亲，这一点让我很震惊。或许，我曾以为这样的分娩例子可能在整个职业生涯中只会出现一次，但是我的医生朋友已经看到了数十个同样的例子——而且她还年轻。当她第一次告诉我时，我还认为这是她编的，只是为了逗乐而已，但却是事实。当我问这一情况如何一而再、再而三地发生，她这样解释道："说实在的，否认是一种强大的力量。或者正如克里斯托弗·亚历山大（Christopher Alexander）所说的那样：'我们对于内心深处真实的自我，并不总是能够坦然接受。'"

　　不管我的错误——只看到自己想看到的内容——是否诞生于无知或者内心深处的不适，我都了解这一点：当涉及理解自己和他人时，一厢情愿是行不通的。如果性格信息能够帮助你的话，你必须对深植于自己内部的真实自我坦然接受。

　　如果你不能坦然接受自己和自己与周围人的性格，那么这个世界上的所有性格测验对你来说都没有意义。理想的答案并不能带给你任何好处，只有真实的答案才能。因而第一步就是用确定无疑的眼光去看看自己真正是谁。你真正的样子是什么？

理解的开始

　　时间快进到几年前，我6月份婚礼后那个冬天。我和丈夫威尔吵了一架。那次吵架的经历很糟糕。我们吵架并不是因为什么惊天动地的大事。我们之间的冲突之所以让人苦恼，是因为我们缺乏解决夫妻间日常矛盾的技巧。

　　夫妻间究竟多长时间吵一次架并不重要。他们吵架的方式才是关键的。结了婚的人需要学习找出分歧所在，解决问题，然后继续前进。威尔和我没有找到处理这些事情的方法。结婚后的第一个冬天我们还是处于严重的冲突中。当分歧产生时，威尔就变得冷漠疏离。而我对于他情绪上的变化非常敏感，然后就变得很焦躁，这反过来又让他感到困惑。之后，我就变得非常气愤，因为他并没有理解我为什么会焦躁不安。我认为我正在恢复理智，而这个时候威尔开始做错事。我责怪他每次我们发生分歧，他都不做任何争辩。而这正是我要他这样做的，经常如此。

回到争吵上。我并不记得我们为什么争吵——如何叠衣服，如何将特百惠（Tupperware）的东西收起来，我们周六早上应该干什么——不管是什么，都是很平常的小事，但我们还是会产生分歧，像其他的大多数人一样。之后，我告诉了威尔我的想法，他表现得很淡漠，再后来，我变得很不安，而他竟然不知道发生了什么。这让我非常愤怒！

没有围绕着愚蠢的问题再次讨论，我做了唯一一件看起来有帮助的事情——我出去跑步让自己冷静了一下。之后，我回到家中，洗了个澡，穿上睡衣，躺在沙发上，打开一本书。巧的是，我读的是大卫·凯尔西（David Keirsey）的《请理解我Ⅱ》（*Please Understand Me II*）。

一年前，威尔和我参加了社区要求的婚前辅导项目。在周六的下午，我们开车穿越了整个城镇，去见随机安排给我们的那对夫妇。他们都是很善良的人，但稍微有点古怪。我至今仍然能够清晰地记得，当车开进他们的行车道时，300 双泰迪熊眼睛透过凸窗盯着我们的情景。

在泰迪熊目光的注视下，我们喝了温水茶，坐在厨房桌子旁尴尬地闲聊了一会儿。这些泰迪熊不仅只在房子的凸窗中，而是遍布每个房间。在互相介绍结束之后，他们给了我们每人一份人格评估问卷和一支 2B 铅笔。我们将来的讨论也将以这次的评估结果为基础。

之后，我们花了半小时回答了几百个问题。这些问题包括我们如何处理冲突、我们想要什么、我们寻求新体验的频率和我们是否愿意认同彼此。一个月后，我们返回泰迪熊之地，看看我们做的到底如何。

从结果来看，我们差不多可以接受彼此，我们两个人身上相似之处要多过不同之处。"有一件事需要注意，"主人说道，"测验表明你们可能面临着冲突的问题，但是不要太担心，每对夫妇都会吵架的。"

我发现这次经历让人很沮丧。测验说的冲突是指哪种冲突？为什么会发生这种冲突？如果冲突发生了，我们应该怎样做？我觉得自己已经在这些答案上花了太多的时间，为的就是发现能快速解决问题的某种"智慧"。

我之所以不满，是因为我几乎马上就要发现一些真正有用的信息。威尔和我能利用好关于我们长处和短处、分歧点和盲点的这些信息吗？那还用说。虽然我们当时并没有达到目的，但是在我们离开的那天，我觉得在某些地方找到这类信息是有可能的。

就像曾经的书呆子一样，我和朋友们一起走进当地的图书馆，开始寻找与性格类型相关的书籍（当时还是采用拨号上网的方式，所以我的问询对象是图书馆，而不是谷歌。这是件件好事，起码我认为是这样）。当天晚上，我回到家中，手中拿着一份长长的阅读清单。

传统上，结婚之前总要疯一阵子，所以直到婚礼之后才开始读这些书。在这点上请相信我：在婚后的第一个冬天花些时间读关于性格的书，这是一个开启婚姻生活的不错方式。

我当时读的大部分内容都没有进入大脑，不过还是一直在学习。在任何人物简介中，我都没能看清自己。对于我的内在世界的运行状况，我的优点和弱点，我仍然是毫无头绪。但是我至少非常敏感地意识到每个人都有天生的优点和缺点，而且所有人都是不同的——非常不同——这并不是一件坏事。

我无法将自己归入某个类别，我开始怀疑在所有关于 INTJ

的诊断上我都做错了。我正在研究这些类型描述，试图在各种类型描述中找到自己（这次是真的）。

于是，我穿着舒适的睡衣，坐在家里的沙发上，手里拿着一本从图书馆借来的《请理解我Ⅱ》，旁边还有一杯热茶。我把书翻开，开始阅读。

它没改变任何事情，它改变了所有事情

那天晚上，我打开了《请理解我Ⅱ》中新的一章，那一章讲述的是关于气质和恋爱关系的，包括婚姻生活中不同配对的长处和短处。当我看到大卫·凯尔西解释理性者（NT）类型在婚姻生活中如何表现，尤其是当理性者和理想主义者（NF）结婚时会是什么样子时，我的下巴都合不上了。这就是说的我们啊！他将威尔（很明显一个理性者）和我（一定是个理想主义者）描述得都十分精确，精确得都有点儿让人毛骨悚然了。我读这本书时，就好像在读自己的恋爱史和早期婚姻史，所有的经历好像都写在了书上。

这就是我在那个晚上学到的东西。第一，由于凯尔西对于理想主义者倾向于以不健康的方式处理冲突的描述完全正确，我完全确定对自己的类别划分一直是错误的（我第一次发现将自己归类的最容易方式是，注意你是怎么搞砸一件事的）。有史以来第一次，我可以清晰地看到自己的行为与理想主义者类型相吻合。这种对自己行为难以言喻地准确描述，让我立马意识到多年来一直在按错误的方式给自己归类。我到底错在哪里，突然间就明显了：我没有按本来的样子看待自己，而是把自己看成了想要的样子。这也难怪那些人格指示对我来说没有什么用。

与我想的相反，威尔，我现在可以确定他是一个理性者，在处理冲突方面并没有遭遇什么困难。事实上，他应对婚姻中分歧的方法正是 MBTI 他所属类型的典型做法。而我的行为就是我所属类型的典型做法。我们所经历的正是我们两个类型间凯尔西称之为"一个没有结果的问题"（除了这个分歧点，凯尔西的声明还是非常适合婚姻的）。我的类型是天生会表露情感，而威尔的类型是天生对情感表露有抵触。当分歧产生时，我会告诉威尔我是怎样感觉的，而威尔仍然能保持着冷静，甚至看起来有点冷漠。我认为这表明他不理解我，或者不关心我，随后我就开始焦虑。而威尔并不理解我为什么焦虑，但是绝对应该理解——我深深地感受到失望。之后，我就变得很生气，因为他看起来真的不理解。

那天晚上，我突然间明白，威尔并不是冷漠或者故意试图激怒我。他只不过不是我而已。而我却一直期盼着他像我一样行事。

得知这一点让我如释重负，就像阴云散开，天使在唱歌一样。我们仍然是之前的自己，一对不知道如何解决分歧的夫妇，但这个发现将我们的冲突风险从高级降到了普通。我们的分歧并不吓人，它的出现是正常的。人们甚至会期盼着分歧的出现。我的顿悟没有改变除我们视角之外的任何东西——至少那一天没有——但是它改变了我面对之后生活的方式。

第一次，我重新看待了是什么让我和威尔产生分歧。这是我第一次关于人格的重大的"啊哈"时刻，也是第一次感受到拥有关于自己人格（在这种情况下，也包括我丈夫的人格）准确知识并应用于生活后产生的力量。一旦明白了究竟发生了什么，以及为什么发生后，我就可以开始着手做与其相关的一些事了。

或许当我第一次开始探索人格时，因为没有找到正确的道路，犯了一个没有对自己诚实的错误。或许，我只是对内心深处真实的自我感到不适。不过，我怀疑造成问题的原因也很简单：了解自我是一件很困难的事，你很难看清楚真正的自己。

这个过程要求你向自己提出棘手的问题，并尽可能诚实和冷静地面对问题的答案，因为有时候"真正的我是什么样子"是一个非常可怕的问题。

问自己这个问题，虽然答案可能是尖锐的，但也是绝对值得的。

探索自己的性格不是一个容易的过程，即使在最好的情况下也是同样如此。我敏锐地意识到，如果我知道了我正在做什么，哪怕只有一点儿，那些坎坷的经历原本可能很容易度过。回首以往，我希望有人曾给我指出正确的方向。我希望有人替我守望，在我前进时鼓励我，在我迷失时轻轻地将我唤回。我需要有人在正确的时间向我提出正确的问题，需要有人指出我应注意的重要事件。我是个喜欢阅读的人，所以不会介意一本好书在正文之前有一些介绍指导的内容。我不能重返过去，也不能让自己的路顺畅无碍，但或许我的经验可以让你的路少些颠簸。和我一起探索，这就是我希望你在读下面几章内容时能够做到的事。

2

交流障碍：内向者和外向者

"安妮，这是我的朋友贝克太太。"

"安妮，这是我的朋友贝克太太。"

我妈妈想让我说："嗨，贝克太太，你好吗？"但是当年才6岁的我不愿意这样做。第一，我小时候是个内向的孩子，讨厌和陌生人以及许多非陌生人说话。第二，我觉得小孩子说这样的话有点傻。我不知道有哪个6岁的孩子是喜欢这样讲话的。

我是一个好女孩，从来不会惹麻烦——除了这种情况之外。

我妈妈并不理解我的内向，多年来我们一直在为这种类似的情况争执不休。事后看来，我与妈妈间这种相互较劲的状态是讲得通的。我妈妈本质上是一个外向的人，活泼迷人，而且能和许多陌生人建立友好关系。她喜欢外面的世界，喜欢结识新的朋友。这种喜爱甚至有些过分，因为她会把自己的老公、朋友和女儿介绍给她三年级老师的母亲的隔壁邻居，或者是她最好朋友的弟弟的邮递员。

我妈妈经常对我说："这是个多么令人愉快的小世界啊！"

我妈妈无法想象，不是每个人都认为和朋友、熟人或陌生人聊天是一件让人愉悦和高兴的事情；她也想象不到，我不喜欢碰到这些人，也不想了解他们全部的个人成长史。在她看来，她性格内向的女儿也喜欢经常外出，结识新朋友，联系老朋友。

我妈妈认为我厚脸皮，这是因为我性格中潜存着叛逆的一面。对于她这个听话女儿在这一点上的公然拒绝合作，我妈妈感到困惑不已。直到多年之后，她才明白我是一个性格内向的孩子，会和任何年龄段的内向者一样，在被迫面临这样的情况时做出你能预料到的行为。这就好像我是个左撇子但是她却一直要求我用右手写字。我做不到，也不想做。

关于内向者和外向者，你需要知道什么

我和我妈妈现在都知道了，我们当时之所以会发生争执，

是因为不明白外向者和内向者很容易误解对方。内向者通常被认为是害羞的，他们可能会积压他们不喜欢某些人、某些事的想法，并容易牢骚抱怨，对社交不适苦恼不已。而外向者则容易被认为是为人轻浮，见识浅薄，一味喜欢寻欢作乐。人们都倾向于把外向者想当然地当成一群懒得倾听、讨厌独处、对有人陪伴有着不可理喻的渴求之人。

为了真正理解内向和外向，我们需要消除这些误解，掌握这些术语真正的含义。

南方气质与北方气质

卡尔·荣格于 1921 年引入了内向和外向的概念。这些概念——尤其是内向——随着 2012 年苏珊·凯恩 (Susan Cain)《安静》（*Quiet*）一书的出版走入了公众意识之中，大大提高了人们对于"内向者在内在世界中存在滔滔不绝的力量"的意识。

凯恩将内向者言简意赅地定义为"喜欢更安静、更具轻微启发性环境的人"；相对地，外向者则是主动追寻，甚至能在噪音和刺激下茁壮成长。内向者基本上对自我内部的变化敏感，而外向者则是将注意力放在了周围的外部世界。这两种类型的人都想花更多的时间在"真实世界"中，但在什么是"真实世界"

上却不能达成一致——不管是的外部的体验世界或者是内部的想法世界。

研究者普遍认为，内向者和外向者都是天生的，而非后天塑造形成的。虽然一个人的倾向可能随着时间发生改变（人们会随着年龄的增长变得越来越外向），但他们不能选择变成另外一种类型。研究发现，人群中 1/3 到 1/2 的人都靠近于内向的一端。男性内向倾向要比女性更为突出一些。

就人格区分而言，内向和外向是一个重要的区分标准。科学家 J. D. 希格利（J. D. Higley）将内向和外向（或者，按照他的话来说，拘谨和大胆）称为"北方气质与南方的气质"。这些特质在核心上影响到了我们是什么样的人。

理解不同

虽然我们都会花时间让自己变得内向化或者外向化（对，这是合适的动词），但是天生的偏好还是会体现在我们大脑的化学反应上。如果你是个内向的人，曾和自己外向的室友进行过令人困惑的对话。你可能会认为，自己的大脑没办法那样工作，关于这一点你绝对是正确的。你的大脑就是不能像那样工作。

从字面上就可以看出，内向者和外向者是不同的。科学家已经发现两组人群之间存在可测量的生理差异，这些差异会影响许多事情。

外向者通常比内向者思考起来更快，处理信息所需的时间也更少。外向者之所以在这方面能够胜出，是因为信息在他们的大脑中所经过的路径更短。而路径更短的原因是内向者更加依赖信息绕过的大脑部分。更短的路径就意味着更快的处理时间，更快的处理时间就解释了为什么两种类型人之间有着这么多可以观察到的差异。

外向者和内向者的神经系统发生作用的方式也有所不同。内向者更偏向于神经系统中负责"消化与休息"模式的交感神经一方，外向者则更频繁地使用了负责"战斗或逃跑"反应的副交感神经一方。不出所料，这会导致不同的行为。

内向者和外向者在承担风险时会非常不同。相较于内向者，外向者对多巴胺的反应更积极，也就是说他们更能承担大的风险，并且享受其中。他们渴望刺激，不管其是以光线、声音还是社交互动的方式出现。而内向者更喜欢安静。他们大脑中负责抽象思维和决策的前额皮层更为发达。

内向者和外向者每天早晨所做的事情看起来也非常不同。我们说的就是咖啡。一杯咖啡中的咖啡因对于外向者来说是有用的东西，但对于内向者来说却是一种负担。研究表明，咖啡因会激发外向者的表现，却会抑制内向者的工作效率。内向者不需要咖啡因提供的额外刺激。

外向者和内向者在生理层面也是不同的，而这些不同又会反映在现实生活中。内向者更向往内心世界，需要一段定期独处的时间，以便让他们保持最佳的自我状态（精神上）或者发挥作为人的正常功能（现实中）。对许多内向者来说，这意味着一次独自散步、一次长跑或者读一本好书。他们需要定期退回到自己的内心世界中，以保持健康、快乐和理智。

外向者则相反：他们崇拜刺激。没有刺激，他们就会觉得疲惫不堪、精疲力竭，就如同一个内向者不得不一整天都说话一样。他们是组织吵闹的"周六彩弹射击"游戏或者喝掉20杯"玛格丽特之夜"活动的人。外向者会将许多社交互动融入他们的生活节奏中，有时候甚至他们自己都没有意识到这一点。他们需要的不是安静，而是充满活力的交谈。他们享受的不是独自散步，而是在人流拥挤公园中小憩。当感到疲倦时，他们需要和朋友打电话。

内向/外向划分影响了一切，包括从个人的风险耐受能力、耐心程度、冲突管理风格，到能否在男女混合的公司里谈论比基尼在内的所有方面。你父亲是否会在买车前调查5个州内每款本田车的情况？那么他很可能是个内向者。你的朋友喜欢过山车？那么他很可能是个外向者。你妹妹喜欢在超市麦片货架旁花上 10 分钟思考买哪盒？那么她很可能是个内向者。你的配偶忍受不了在家度过整个周末，放松身心——想要外出做些事情？那么他很可能是个外向者。你的孩子总是需要时间，需要一个相当漫长的心理准备过程，想想下一步说什么？那他很可能是个内向者。

虽然这些差异让识别类型听起来好像是件很容易的事，但事实上并非如此。

什么让事情变得困难？

当碰到对内向者和外向者的描述时，很多人认为很容易将自己划分类别。他们本能地认识到哪个才是他们真实的世界：不是内向者的内部想法世界，就是外向者的外部行动世界。他们知道自己是喜欢内向还是外向，是喜欢安静还是刺激。然而，另外一些人对自己的类型并不十分确定。他们觉得内向者和外向者的特征在自己身上都有所体现，很难只选出一种。

放轻松——没有纯粹的内向者和外向者。荣格本人就说过，没有人可以完全属于一种类型或者另外一种类型："这样完全属于某一种类型的人，即便存在的话也是在疯人院里。"

我们都会在内向化和外向化上面花费时间，这是人类本性的一部分。我们把时间花在思想上、精神上，也把时间花在周围的外部世界中。我们不必为此制定计划，或者思虑太多，这一切都是自动发生的。从这个意义上说，我们都是中向者。但是，按荣格的话来说，我们主要都是以一种或者另外一种方式为导向的。不可能同时以两种方式为导向。我们基本上不是专注于外，就是专注于内。

如果你在你自己身上同时看到了内向和外向的特征，你如何判断出自己的类型呢？这一点并不总是那么容易的，因为表面现象是非常具有欺骗性的。让我们来研究一下，为了辨别出自己的类型，你需要注意哪些东西。

处于隐秘伪装中的外向者和内向者

外向者不会花费所有的时间在外向化上，而内向者也不会总是看起来像内向者。有一个事例能够说明这个问题。我的一个朋友几乎每个周五晚上，都会穿上紧身裤和 12 厘米的高跟鞋，陪她的音乐家丈夫去参加俱乐部活动，在庞大嘈杂的人群中随着摇滚乐摇摆。在一个旁观者看来，这绝对是一个外向者的追求。如果尝试对自己进行内外向的人格划分，她会指着这些周五晚上说："我不可能是一个内向者，绝对不可能！"

然而，我的朋友却说这些夜晚活动只是她的"爱好"，而非她的"生活方式"。她之所以迎合这种喧闹的俱乐部活动，是因为这对于她的爱人非常重要。她已经学会接受每个月中的几个夜晚有这种乐趣。而我朋友在周末的大部分时间里都是一个居家女人，读书、煲汤和看电影——欣然接受她更喜欢的安静模式。在与外部世界中的人、灯光和声音度过一个周五晚上之后，她已经完全准备好退回到她思想中的"真实世界"中去了。

这种情况也在我的身上出现过，我可以在合适的聚会上成为乐于交际的外向者。我常常成为聚会上最后一个离开的人，因为我一旦到了那里，就非常享受那段时光。我真的非常喜欢和有趣的人进行有趣的谈话。然而，正如我对这些事件的喜欢程度一样，我也发现它们非常耗费精力。在夜晚结束时，我开始渴望回到自己的真实世界，也就是我内部的思想世界。我用开玩笑的口吻说，自己需要两杯茶和一本 100 页的好小说才能从喧闹的夜晚中恢复过来，但我并不是真的在开玩笑。在镇上度过一晚后，我需要给我的"电池"充电——独处。

然而，我那个外向的朋友、会和我一起待到聚会直至结束的人，会回家告诉她的丈夫：外出活动是为了将夜晚的时间延长，为了感受生活中的高潮。如果你曾在聚会上看到过我们，你会认为我们两个人性情看上去是很相似的。但我外向的朋友不会身心疲惫。她总是充满精力，因为她度过的整个夜晚都处于自己的真实世界中——一个充满人和交谈的外部世界。

或者，想象一下这幅画面：我外向的作家朋友正在争取在截稿日期前完成下一部小说。她通常喜欢满满的社会活动安排，但事实上过的完全是一种僧侣式的生活。她每天把自己锁在办公室里长达 11 个小时，只留自己、电脑和狗在里面（即便这样，如果狗让她分心了，她也会将其踢出去）。如果你看过她的工作状态，绝对不会认为她是个外向型的人，但要是真的这么想，你就错了。她是一个外向者，只不过花了不少的时间在内向上面，因为这是她的工作需要。而我的朋友也认为这样做是值得的（尽管用她自己的话说："当一切结束后，我会像在 1999 年参加聚会那样——要整整玩上一个月。"）

个人外表可能具有欺骗性。你的精神状态、感觉，有时甚至是身体反应才是你进入自己真实世界的钥匙，不管真实世界是外部世界还是内部的思想世界。

让信息在生活中发挥作用

在内外向比例上，我们每个人都有自己的偏好。你要问自己的是，哪一种在自己身上发生得更为频繁：内向还是外向？如果你能回答这个问题，那太棒了。如果你不能，做一个评估：找一些朋友谈谈，看看他们是如果看待你的；花些时间观察自己，想想自身的行为。

在你确定了自己的类型后，重要的就是关注某些活动是如何在当下和之后影响自己的。问自己的正确问题包括：当我处于内向和外向的模式中，我的感觉如何？之后，我感觉是筋疲力尽还是充满精力？

按自己的喜好事先准备

一旦你理解了自己，你就可以停止与自己与生俱来的倾向做斗争，取而代之的是为它们做规划。

我是一个善于交际的内向者。不管是约喝咖啡、圣诞派对、结婚典礼还是邻里聚餐，我都享受其中。我喜欢热闹的家庭晚宴，喜欢主办孩子们间的聚会，与其他家长们在棒球场旁边聊天。如果我没有定期参加这些社交活动，就会变得有点坐立不安。但当我失去平衡时——花费了太多时间在外向活动上，当然"太多"是视我个人情况而定的——我就感到做任何事都没有效率。当我忽视这些警示信号，继续参加外向活动，就进入了"多话内向者的危险区域（Overtalked Introvert Danger Zone）"，我会完全不知所措，处于行为粗暴的边缘，几乎不能组织出有条理的句子。我希望这一切都是我的夸大其词，但事实就这样。

最近，在我的身上就发生了这种情况。我对于此事的记忆仍然清晰，满是痛苦。不久前，我在一个假期的周末离开家人，和一些正在赶稿的作家朋友躲在一起，以便将更多的时间专注于工作之上。那个周末，大多数时间我都是独自度过的，只有我和我的工作。当然，我也花了一些时间在聊天上，并且享受其中。我们聊了很多，在上面花费了很多时间。我已经非常接近"多话内向者的危险区域"了。

聊天、写作、再聊天，这样过了4天之后，我指望着通过独自开车3个小时回家来恢复自己的平衡。因为我的家人计划当天晚上举行一次家庭晚宴，我对此非常期待。我不确定在我们的假期期间塞入其他事情是否明智，但是我真的希望我的做法能够生效。因此，在这个神奇想法的推动下，我的丈夫和我安排了一场有我迫切想见到的好友参加的烧烤。

当时，我非常高兴能够参加这次聚会，能见到这些朋友实在是太好了，但是我的大脑却拒绝合作。如果当时我的大脑还能组织出一个连贯句子，它会说："我拒绝合作，除非你把我带回家，让我安静地读上 100 页的书。"我当时太累了，感到精疲力竭。

这些不寻常经历改变了我对待日常生活的方式。我没有生活在一个专为内向者而设的天堂中。我有一个大家庭，我的房子可能变得很吵闹。我不得不在生活中争取一段安宁的时刻，让孩子学习不要在我读书的时候和我说话，并且让自己在进行精神和情感充电的时候避免接电话。我非常喜欢长跑和散步带给自己的能量。我会适时地给孩子们放一些电视节目，这样我会得到一些休息时间。我会密切关注日程安排，确保自己在内向与外向间、热闹与安静间、考虑朋友与考虑自己间取得良好的平衡。

请注意，我一直在说的是平衡状态。在这方面，我们每个人都是不同的。至于你的平衡状态是什么样子，还需要你自己去发现。

一旦你理解了自己所需要的东西，不管是外向还是内向，你都可以根据自己的成长需求来构建自己的日子——或者，至少存活下去。因为说实话，有时候这是我们所能期望的最好情况了。

建立应对策略储备库

有时候，内向和外向间的平衡并不完全是我们想要的方式。当然，我们知道在需要某件东西时，恰好得到自己所需并非总是会发生。一个疲惫不堪的内向者并非总能找到一个安静的地方歇息一会儿。一个疲惫不堪的外向者并非总能找到一个朋友或者陌生人，来一段热烈的聊天交流。但这并不意味着我们对此毫无办法。

当你周围的世界——无论是在宏观层面，还是在自己的小公司或者家庭中——都有与你的人格类型相抵触的规范，或者当你处于一种与自我脾性不符的情况中时，你会很容易被裹挟其中，否认有着自我需要的自己。尤其是，你都没有意识到自己需要它们。但如果你能够确定自己所需，并做出相应的调整，或许你就可以让自己免于一些伤痛和折磨。

我的朋友艾什莉是一个外向的人。她在家中教 3 个孩子学习。她每天都被人围着，这乍听上去像是外向者的天堂一般。但是长年在这种环境中，她发现虽然每天都有人和自己说话，但她渴望成人间的交流。起初，她感到无助。在不放弃家庭教学的情况下，她对于目前的状况能够掌控多少呢？随着时间的推移，她开始做出一些细小的改变，以便更好地满足其作为外向者的需求。

例如，每周有几个早上，她都会和朋友散步和聊天。每天午饭过后，她都会给一位朋友电话留言，提醒其记得她们下一次的安排。她会有意地在繁忙的时间去百货商店，这样她就能碰见更多的人（如果你是个内向者，你很可能把这段时间花在阅读上）。她保持着定期和人约喝咖啡，并在"女孩之夜（Girl's Night）"外出活动的习惯。这些都不是巨大的改变，但是它们对艾什莉现在的生活产生了很大的影响。

我另外一个朋友是非常有才干的裁缝——金。她有自己的生意，由于工作性质，她需要大量的时间设计产品、制定营销计划并且完成订单。这对于一个内向者来说是天堂般的享受。然而，作为一个外向者，金虽然喜欢她的工作，但仍然渴望人际交往和与朋友定期见面。有趣的是，金并没有为满足外向需求而苦恼挣扎过，直到她把家搬到了我所在的小镇。在这里，她买了一座位于城郊一条安静小路尽头的房子。搬家前，金一家是住在美国小镇的主街上。金的裁缝屋就正对着一条熙熙攘攘的街道，当她需要缝补的客户时，她只需要出去转转就可以了。

多年来，金一直在坚持做自己喜欢的工作的同时，也在学习如何满足自己作为一个外向者的需求。这意味着和朋友一起运动、休息一下（我们经常驾车数英里以了解彼此生活的最新状况）或者把工作地点放在咖啡店，至少这样能够被人群围绕一段时间。对于一个外向者来说，这并不是理想的情况。有时候，金会幻想再次获得一份"真正的工作"，重温那种在办公室里和同事们守在饮水机旁，围在一起谈论昨晚的剧情或者其他八卦消息，但是自己做老板的感觉是实在太好了。因而，只要有意地满足了自己每周与人交流的次数，她就发现目前的生活是一个可行的妥协方案。

在生命中不同季节和情况下，趋向自己的本性过程看上去也会不同，但其潜在的原则仍是不变的。什么让你疲惫不堪？为了提升自己定期充电的几率，你能做些什么？有时候提出一种可行的解决方案就是一种真正的脑力狂欢。但更多的时候，朝着正确的方向采取行动是非常容易的——只要你找到了正确的方向。

当你感到踏出了自己的舒适区

我的大儿子是一位狂热的棒球迷，总能在球场上坚守自己的位置。上个赛季，他的教练根据球员表现出的"热情"

对球员位置做出调整以及颁发奖励。"谁想做游击手？上下跳一跳，弄出点响声来！"教练会这样喊道。然而，我的儿子非常内向，他更愿意通过他的球员操守、责任心和私下进行额外训练来表现自己的热情。他没有大喊大叫，也没有跳上跳下，所以他没有被选中。他在球场上的表现时间与他的实际能力并不相符。

我的丈夫和我意识到了问题，整个赛季中我们都在和儿子谈论这个问题。我们讨论了外向者能带来的价值，比如凸显自己的存在感，就像教练熟知的那样。在团体中，外向者们是坦诚和开朗的。他们反应迅速，能够处理社会压力——甚至是实现茁壮成长。我们不想生活在一个没有外向者的世界中！当然，内向者也能带来许多重要品质。然而，这些品质在外向型文化中很容易遭到忽视或者不受赏识。

作为一名家长，一想到孩子由于性格的原因被忽视，我就很不舒服。这个也是我和儿子坦诚交流的动机。我们谈论的内容就是思考自己在所处环境中意味着什么，不管你是 13 岁还是 37 岁。什么时候值得畅所欲言，即使其会让人感到不舒服（比如游击手的位置是否处于危险之中）？如何让自己脱颖而出，即使你非常害怕聚光灯（或许这样说："嘿，教练，我一直在努力练习。我希望你今天能够注意到"）？

我们改变不了教练的偏见（当然，并非没有被看台上其他旁观吵闹的父母禁止过），但是我们至少理解发生了什么，可以向我们的儿子解释清楚，并帮助他相应地调整自己的行为。这不是完美的解决方案，但这是朝着正确方向迈出的一步。

外向偏见可能更为常见，但是内向偏见也是真实存在的。有些地方则绝对偏向更为安静的性格类型。在去年我就惊讶地发现了这样一个异乎寻常的例子。这个故事发生在我一位朋友的研究生时代。当时她参加了国内出色的艺术硕士项目。我对她高超的技术造诣印象深刻，并且告诉了她我的想法。她是一位出色的作家，但是她并不写那种文学教授通常会吹捧的小说（至少不在课堂上）。她承认我没有错。回到研究生时期，她绝对是一条脱离水域的鱼，处处与周围格格不入。一出现在非常严肃的研究院时，她就立即开始着手自己最擅长的事情——策划一场鸡尾酒会。她的同学们认为应该在周末晚上去阅读小说，或者讨论小说，而我朋友则将同学带到自己的公寓里吃吃喝喝，闲谈聊天。

当我想到这位研究生朋友时，我就会把她描绘成艾丽·伍兹（Elle Woods），就是瑞茜·威瑟斯彭（Reese Witherspoon）在电影《律政俏佳人》（*Legally Blonde*）所扮演的角色。艾丽虽然有时尚销售的学位在手，但还是前往了哈佛法学院学习。

艾丽·伍兹是一个身高 1.5 米的金发女郎，而我的朋友是一位身高 1.8 米的褐发女郎。两者的共同之处在于，她们都在所选择的教育机构中做着局外人的事。此外，她们都取得了良好的成绩，在学校中也度过了非常美好的时光。

文学界人士开始并不怎么看好我的朋友，她太活泼了，完全不像是有文学天赋的样子，更不像一位作家。她受到了和艾丽在哈佛同样的待遇（"你来这干什么？"），但最后，她找到了在一个内向之地满足她外向需求的方法——一份出版工作。

照顾你的人际关系

因为我们生活在一个有着许多其他人的世界中——与我们一起工作的人、一起生活的人和我们所关心的人——我们不仅需要聪明地满足自己的需求，还要照顾到他们的需求，要保持一个亲切和蔼的态度。重要的是，我们要了解自己的性格类型和由此生产的需求，但我们也要学习灵活处理。记住，我们所爱和共处之人同样也有需求。

就拿从万圣节到新年的这段假期季来说。我喜欢和自己的大家庭聚在一起。我丈夫和我会带着4个孩子去父母家，如果幸运的话，我们还会去我的祖母家。无论如何，我是不会错过任何此类的拜访。

然而，作为一个内向者，持续不断地参加大家庭聚会会让我付出代价。尽管我喜欢看到每个亲人，但参加这些聚会的累积效应会让人精疲力竭。如果我不能在一年的这段时间中管理好自己的精力，我就不能享受这些家庭聚会的乐趣。好书、热茶可以让一个内向者安然无恙地度过整个假期季。我不认为感恩节和圣诞节期间播放各种大型节日表演是个巧合。我想网络知道我们需要在这些所有的聚会中抽身，休息一下。

有时，我们的愿望会与我们所爱之人的愿望相反。不久前的一个星期五晚上，我丈夫从西雅图出差回家。和我一样，他也是个内向者。他已经连续在会议和工作餐间度过了4天。航班落地后，他想直接开车回家，晚上吃一顿披萨，穿着睡裤和家人们在一起待着。然而，在他外出到西雅图期间，我一直感觉被关在了家里。在他回家的那个晚上，一位好友正在举办露天烧烤，我本来已经准备出门了。

在类似这种情况下，并不是每个人都能够得到最初想要的结果。这时必须有人放弃。我们的人格不会为这些决定提供答案，但它们可以作为有用的指导。人格虽然只是需要考虑的诸多因素之一，但却是其中最重要的一个。

要是几年前，我可能就会接受他的选择（九型人格中典型的第 9 种类型，我们会在第九章中提到），但是我已经对自己的人格进行了充分的学习，至少理解了我为什么想做某些事的原因。所以这次我没有放弃自己想要外出的想法。威尔和我谈了谈，我发现他只是有点想待在家中，而我则是非常强烈地想要外出，所以我们就出去了（就像在上周，我想去一些地方，但他不想。注意到这里的差别了吗？当时他是真的想待在家里，而我想出去的愿望不如他的愿望那般强烈，所以我们最终没有出去）。

我们都是不同的，甚至在内向和外向的表达上也是不同的。通过理解我们自身和我们与他人不同之处在哪里，就能够更好地理解他人，理解他们某些行为的内在原因。在实践和经验的帮助下，通过反复尝试，我们能够更好地替自己和周围的人做出正确的决策。

一种不同寻常的正常

现在我对内向和外向的了解更多了。我了解了为什么我妈妈会在与不同人的联系中获取巨大的快乐。这是她的本性。她喜欢不断和人交流，让人们聚到一起，不断地说话、说话、再说话，就是为了促进更多的交流。她想告诉我，我的新邻居在 1989 年和她上学时姐妹会的姐妹的表兄的牙医的遛狗师结婚了，或者在商场中相遇时把我介绍给她三年级老师的女儿。我真的不关心这些，但是我会在旁边听着。因为我虽然不关心她姐妹会的姐妹的表兄的牙医的遛狗师，可我关心我妈妈。这些事对她很重要。

理解我们的人格并不会消除不同需求、动机和偏好的人聚在一起或生活在一起时产生的紧张气氛。但理解这些表面之下的事情——人们为什么按照自己行动的方式行动和为什么偏好自己偏好的东西，会帮助我们弄明白了所发生事情到底是怎样的。这些人这么做并不是为了取悦我们，或者试图惹恼我们；我们只是不同——一种不同寻常的正常而已。

3

烫的难以处理

——高度敏感的人群

那是个星期四，我当时正在尖叫不止。

又一次。

我并不是一个脾气火爆的人。当我告诉我的朋友——甚至是我亲密的朋友，那些倾听我尴尬时刻和遭受挫折失败的人——关于我对孩子们失去冷静的事时，他们都说无法想象我是个会生气的人。很明显，我给人的感觉是温和的。但是如果这些朋友在大约2007年的一个周四早上恰好在我家时，他们就不会怀疑我内心其实住着一个悍妇。

那时我还是有3个孩子的家庭主妇，至少周四是这样的。我有一份兼职工作，每周工作3天，在"其他"的日子中则要承担些外部责任。每周四，孩子和我都是无处可去，无事可做。

我是一个恋家的人。我喜欢在家中消磨时间。我认为"无处可去"和"无事可做"实际上是一种好事。但在周四的时候有点不一样。

在周四早上，只有孩子和我在家，我会额外多煮些咖啡（无处可去！），穿着舒适的衣服（无事可做！）。然后，我会好好看看自己的房子，看看有什么需要清洁和整理的。一旦我看到了，我就要做点什么。

我的房子通常不会很乱，但是在一个有 3 个孩子的小空间里，很多东西就会到处丢。我会从表层开始清理，这还好。当我在沙发下面扫出了纸张、画笔和那么多的小玩具时，我能够感觉到自己的焦虑开始上升。在我走进两个年幼女儿一起住的卧室前，我一直告诉自己马上收拾好这个烂摊子。但发现到处都是小的纸屑、零散的织物、发带和珠子，我开始感到自己的身体在抽搐。之后，我勒令孩子们帮忙整理房间，几乎就在同时，他们都开始告诉我房间里乱糟糟的并不是他们的错。而在这时，受到这种喧闹刺激的狗也开始叫起来，整个家里的混乱不断升级。

在那个时候，平时温和的我因为手头的状况慌乱得不知所措，最终使自己失去了控制（这个尖叫的部分非常丑陋，我就不和你们讲述细节了）。

当时，我没有搞清到底发生了什么。最终，我意识到周四的一些事情让自己失态了。我想或许自己并不适合做一个待在家里的妈妈，甚至每周一天都不行（好像不是这样）。我觉得自己之所以发脾气是因为我讨厌要打扫那么多东西（不，也不是这样）。总之，不是这些原因中的任何一个。最后，我意识到"问题"在于根本没有问题。相反，原因只不过是我高度敏感的神经系统。我的神经系统被周四的混乱和吵闹压垮了。如果我想的话，我实际上可以采取一些行动让其变得更易于控制。

如果你正在读这部分内容，1/5 的可能性是因为你是一个高度敏感的人（HSP）——也就是说，你有一个高度敏感的神经系统。高度敏感是一种内在的生理特征，人口中 15%~20% 的人拥有这类特征，而且这种影响跨越了种族，并非仅仅体现在人类身上。这些人并不是容易生气或者过度情绪化。高度敏感指的是一些人的神经系统比普通人群更容易接收刺激。这意味着他们会对周围环境中的细微之处做出反应，更容易因高度刺激性的环境不堪重负。他们用于检测外部刺激的内部"雷达"非常好，但需要花费精力维持雷达的运行，而这可能会让人疲惫不堪或脾气暴躁。

对于高度敏感人群你需要知道什么

阅读本书你会知道，人际交往会让内向者疲惫不堪。同理，感官信息的输入——景象、气味、声音、情绪刺激——也会让高度敏感的人群疲惫不堪。尽管这些特征常被误认为是内向特征一个子集分类，但事实上并非如此。每种人格类型的人都可能敏感，不管是内向者还是外向者。尽管内向者高度敏感的可能性更高，但高度敏感人群中外向者所占比例仍高达 30%。

从本质上来说，我是一个高度敏感的人。我会避免暴力的形象。在第一次读伊莱恩·阿伦（Elaine Aron）的《天生敏感》（*The Highly Sensitive Person*）时我就知道了。因为在典型的高度敏感人群行为方式中，我无法应对对性虐待频繁提及的情况。我很容易与他人产生情感共鸣，如果有两个人试着同时和我说话，我就感觉自己的脑袋好像要爆掉一样。如果厨房工作台上摆满了早上的饭菜，我就很难做晚餐。如果有人唱歌时，收音机里面却播放着另外一首歌，我就会发疯。看新闻会让我把自己想象成胎儿的姿势，永远不想起来。

我正在养育的孩子也是高度敏感的。高度敏感的儿童（HSCs）更容易在意粗糙扎人的衣服和令人发痒的袜子，以及不熟悉的口味、吵闹的声音、每天的转变和常规中的变化。高度敏感儿童越年轻，越不能将所发生的事情表达清楚。而他们感到困惑的父母、朋友或者看护者则想知道他们有什么不同，为什么他们总是哭，冷静不下来。

什么让高度敏感人群与众不同

如果你是个高度敏感的人，你可以立即从对高度敏感人群的描述中认出自己。高度敏感人群通常都有自我反思的强烈倾向，很容易与对自己的描述产生共鸣。从孩提时代起，高度敏感人群可能就很容易受惊，挣扎于各种形式的巨大变化中，讨厌喧嚣的场所，对食材特别挑剔，会因袜子上接缝或 T 恤上标签带来的困扰而哭泣，而且很容易感知到他人的情感。成年之后，他们惊人地凭直觉知晓一切，倾向于完美主义，对疼痛敏感，容易注意到周围环境中的微妙之处。高度敏感会以非常多的形式表现出来。虽然上述特征会在某种程度上泄露高度敏感人群的身份，但并不是所有高度敏感的人都会对相同的刺激做出反应。

那是什么让高度敏感人群与众不同呢？其中一个原因就是高度敏感人群大脑对于信息的处理，比如对 5 种感官信息的处理，要比非敏感人群处理得更为彻底。他们对于经验的处理也要比缺乏这类特征的人更为深入。他们在某些事情上的停留要比其他人更多、更长。他们能够捕捉到他人错过的微妙暗示。他们的情绪反应更为强烈——不管是积极的还是消极的。

但高度敏感人群的大脑并非是造成不同的唯一因素。他们的整个身体似乎是为检测到更多信息而专门设计的。他们的反应能力更快；他们对疼痛、药物和兴奋剂更为敏感；他们比非敏感人群更容易过敏，免疫系统也更为活跃。相对于非敏感人群，他们的反应系统更为强悍。

我喜欢伊莱恩·阿伦在她的书《发掘敏感孩子的力量》（*The Highly Sensitive Child*）中对高度敏感人群的描述。其在书中引用了一次童年时期访问橙子包装厂的经历。她这样写道："我喜欢这个巧妙的发明，让橙子从抖动的传送带上移动，直到它们掉入 3 种型号的凹槽中——小、中、大。我用这种经验来描述高度敏感人群的大脑。与传送带将东西放入 3 种凹槽不同的是，他们有 15 种凹槽，能够做出非常好的区分。一切都可以顺利进行，除非一次性落下的橙子非常多。这将会造成很严重的混乱。"

当高度敏感的人处于过度刺激当中时，这种"拥堵"就会发生。对于高度敏感的人来说，这个世界好像很容易让人感到过分，难以承受。他们从不会感到只是有点饿或者有点累。他们对于事物的感受往往很强烈。每件事都是个大问题。虽然我们每个人都会这个时候或那个时候被过度刺激，但高度敏感人群尤其容易这样。当高度敏感人群不堪重负时，他们过度劳累的神经系统就会因为无法再承受压力而关闭。

高度敏感人群所面临的共同诱因

虽然不同类型的高度敏感人群有不同的敏感度，但仍然有一些他们共同面临的主题。

1. **噪音**。孩子是否为高敏感儿童的早期线索就是其在 2 岁左右对于第一场烟花表演的反应。周围的其他孩子会被这种绚烂的表演迷住。而高度敏感的孩子会在烟花第一次炸响时哭起来。

高度敏感人群通常不喜欢响亮的噪音或者任何类型的持续噪音。这可能意味着摇滚音乐会、鸡尾酒会上的嗡嗡声，或者教会中咖啡时间都可能让高敏感人群产生不适。同样地，长时间的谈话也可能会让他们非常疲惫。

2. **杂乱**。杂乱的空间对于许多高度敏感的人来说非常令人疲惫，因为有太多的视觉输入信息需要处理。尽管我永远不会把自己描述成是一个爱整洁的人，但是我注意到让我的屋子保持整洁（或者说要足够整洁）可以让我精神上"油箱"保持满的状态。如果你是一个高度敏感的人，清洁的厨房工作台有助于内心的平静。

3. **材质**。除了声音之外，材质也可能会让人感到侵略性和刺激性。这往往是父母判断他们的孩子是否高度敏感的第一个线索。孩子可能会对衣服的标签、袜子里的接缝、丝印 T恤的僵硬感到不适。通常情况下，高度敏感人群的身体都是敏感的。

4. **人**。人是有趣的、多样的和具有刺激性的，这也意味着他们对于高度敏感人群的影响有时也是难以承受的。

5. **连续的差事／会议／预约**。不停地向前、向前、向前会让高度敏感人群筋疲力竭，因为持续不断的（多样的）信息输入，会让他们缺乏恢复的时间。

6. **重大的情感**。高度敏感的人对信息，包括情感信息的处理更为深入。例如，听女朋友诉说烦恼在非敏感的人看来还好，但对于高度敏感的人来说却是难以承受。而且高度敏感人群也会因为自己的情感而不堪重负。悲伤、快乐、疲劳、焦虑——不管是哪一种情感，对于高度敏感的人来说，都没有一点儿悲伤、一点儿高兴或者一点儿疲累的感觉。高度敏感的人对事物的感觉从来不会只有一半。

7．信息过载。短期内处理大量信息会让高度敏感人群不堪重负。

8．媒体。除了信息过载方面，媒体也会触发重大的情感，而这种组合产生的影响是残酷的。在面对灾难性事件不间断的报道时，高度敏感人群很容易崩溃。很多高度敏感的人选择放弃使用新闻网站（并且在重大事件后脱离于社交媒体之外）。他们这样做不是因为他们冷酷无情、铁石心肠，而是不能忍受整个世界的痛苦。

9．决策。决策是高度敏感人群（和许多内向者）精力消耗的主要来源。每个人都会在某种程度上经历决策疲劳。但是对于高度敏感人群，他们越是能察觉到每一种方法的细微差别和潜在影响，决策疲劳发生得就越快，持续的时间也越久。

要跳过每一种诱因是不可能的，但意识到这些诱因可以让高度敏感人群对它们不是那么惊讶，并且在可能的情况下，让敏感人群规避或者缓和这类诱因。其前提是高度敏感人群理解高度敏感意味着什么，它是如何影响自己和周围人的，他们才能真正为此做些什么。

让这些信息在生活中发挥作用

一旦理解了高度敏感，你几乎可以立即认识到自己——或者你爱的人、在一起生活的人、在一起工作的人——是否属于高度敏感人群。如果你不确定，可以参加伊莱恩·阿伦的一个很棒的免费测评。具备了一些知识之后，你就能更好地处理对世界的高度敏感反应。

即使你是一个高度敏感的人，并不觉得自己好像需要采用激烈的行动，诊断结论仍然具有某些治疗效果。简单的理解会带来即刻的解脱。你知道自己不是一个人，自己也没有发疯。而且除了这种解脱之外，知道自己是一个高度敏感的人也会带来一种新的理解，不光是针对忍受这种特征的艰辛，还有这样做的好处。

现在，让我们来看看如何前进。

对于高度敏感你能或不能改变的是什么

贯穿本书的主线就是确定对于自己，你能够改变什么，不能改变什么。这样你就能在前进过程中做出明智的决策。

关于高度敏感人群，你需要知道的第一件事情就是他们的神经系统造就了他们。人们成长和发展的方式有无数种，但是从来没有一种类似音量旋钮之类的东西，让他们调低自己对刺激物自然升高的反应。这些特征与他们自身是内在相关的。

这意味着，不管怎么样，他们都会比非敏感人群哭的次数更多。他们对于批评的敏感程度要超出你所认为的"合理"范围。他们可能不愿意看新上映的血腥恐怖片或者乘坐当地游乐园的过山车。他们不愿意在城里新开张、受欢迎但嘈杂的餐厅中用餐。很多公司的团建活动对于他们来说感觉"太过了"。他们无法改变这些关于自己的事情。

让高度敏感人群规避所有的诱因或者总是满足他们所需是不可能的（能这样就好了！），但这不意味着不能控制让他们发疯的事情。

让我举一个个人的例子。我一直知道，当我的 4 个孩子同时和我说话时，对我产生的消耗是平时的 80 倍。所有的这些声音和想法，对于我这个高度敏感者的大脑来说，多得难以分类（还记得那些橙子吗？）。小孩会产生噪音，而我有 4 个这样的孩子。我无法改变这种情况，当然在大部分时间里，我也不想改变。但是我可以改变自己理解和对其进行回应的方式。问题不在于我的孩子，而在于噪音及其涌向我的迅猛、激烈方式。我发现在自己达到"情境危急程度（situation critical level）"之前，要求（告诉、命令、需要）孩子一个一个地跟我说话时，每个人都会更加高兴，而不是向他们发脾气或者吼道："不要再说了，我快要失去理智啦！"

我改变不了自己的本性，但这不意味着我无法改变这种状况。

给予高度敏感人群所需的东西

对于高度敏感人群来说，坏消息是事情太多会给他们带来消耗。好消息是他们能够控制一些，甚至是很多这类因素。

我不知道已经收到过多少这样的邮件，人们在邮件中会说这样的话："我曾认为自己不适合家庭生活，但后来证明我只是个高度敏感者。这真是一种解脱！"一次又一次，这些人告诉我，他们害怕的是自己出了什么问题，因为看起来没有人会对日常生活中的事做出像他们那样的反应（很强烈的反应）。

一旦他们理解了高度敏感性并在自己的身上识别出来，他们就不会再觉得自己好像是个怪胎，只有自己一个人这样或者感觉受到了损害。知道自己正在处理的事情是特有的和可以管理的，给了他们一种新的希望感。他们能够制定一份行动计划，确保自己得到向前发展所需要的东西。

那高度敏感人群需要什么呢？

相较于其他的东西，高度敏感人群更需要的是空白，不管是字面性的还是象征性的。在信息的海洋中，高度敏感人群需要在感官信息不断输入的浪潮中得到休息。这样他们的大脑能够通过对"橙子"的分类，来清理那些不可避免的干扰。

有一部分高度敏感的人直观地知道自己需要什么，但是对于这个人群中其他人来说，看到一份名单有助于让他们在日常生活中去寻找发现。下面的这些条目对于高度敏感人群来说，都是可以列入寻找的最高优先级别。

1. **安静**。噪音对于高度敏感人群来说是件大事情。事实上，噪音很成问题，以致伊莱恩·阿伦将其称为"高度敏感人群之所以存在的祸根"。与非敏感的大多数人相比，高度敏感人群对各种噪音更为敏感，并且他们很难过滤掉这些噪音，关注其他的事情。

无论是在繁忙的办公室工作，还是在家带 10 个孩子，高度敏感人群在自己的生活中都需要一些无噪音区域。在这种情况下，很多高度敏感者发现对一些系统进行自动化处理，就能少说些话，多一点安静，这是非常有价值的。

在独自一人散步、开车或者做饭时，你可能会试着去听听播客、有声书或者音乐。而高度敏感者的大脑在这期间却需要休息、反思和充电。

2．安静不乱的环境。显然你不会总得到这样的环境，但是当高度敏感人群需要充电时，环境很重要。

3．隐私。如果你不是高度敏感的人，自己可能会认为，挨着你高度敏感的配偶、朋友或者室友坐在厨房工作台边，安静地做自己的工作是一件非常好的事情。但是你，作为一个人，可能让会他们神经系统因你的存在而处于戒备状态。你可能没有注意到自己键盘发出的细微咔咔声，但他们会注意到。你可能没有注意到你正在叹息或者微笑，但他们会注意到。当高度敏感人群需要集中精力时，他们通常喜欢单独工作、阅读、散步或者思考。

4．休养期。与大多数人相比，高度敏感人群在定期休养期间更需要有意识地充电或者休息。当你需要充电时，要确定所做的事对自己有所帮助。比如，高度敏感人群可能喜欢通过电话向朋友倾诉某些问题，但这很可能会给他们带来消耗而非补给。高度敏感人群更有可能花 20 分钟在一本好书和一杯咖啡上，而不是听一个播客。对于你而言，你可能会选外出跑步、在森林中散步、织件东西或者拆台收音机。

5. **最小的信息摄入量**。高度敏感的人群可能需要限制他们在某段时间中的信息摄入量。他们还需要特别小心不要让技术工具——尤其是他们的智能手机——成为毁灭自我的工具。与其他时代一样，我们的时代也有其悲剧性的一面。但与其他时代形成鲜明对比的是，网络化意味着将我们自身与报道最新危机的 24 小时新闻所造成的漩涡分离开来非常困难。高度敏感人群更可能因为来自各个方向的大量信息而筋疲力竭。一般情况下，当我应该"休息"时，我不会查看电子邮件、推特或者脸书。来自邮件或者社交媒体的额外刺激是我大脑需要考虑的最后一件事情。

6. **惯例**。接受惯例对于许多高度敏感者都是有所帮助的。流畅的惯例会使需要做出的决策变少，这对于高度敏感者来说是个好消息。因为决策对他们精神的消耗要比非高度敏感者厉害得多。我们所有人都很容易受到决策疲劳的影响，而高度敏感者受其影响更甚。持续的惯例会带来说话次数变少的好处。之所以说它是好处，是因为说话会消耗高度敏感者的精力。

7. **界限**。良好的界限对于直觉类型的人来说非常重要。相同的内部雷达让他们"知道"哪些人或者地方可能会阻碍他们，让他们容易摄入负面能量。这可能会非常具有消耗性，以至于阿伦建议高度敏感人群将设定良好的界限作为一个明确的目标。

对抚养高敏感度儿童的特殊关切

家长们可能需要一段时间才能意识到对于许多孩子认为有趣的典型活动，对于高度敏感的儿童来说却是一种折磨。高度敏感的孩子讨厌快餐店里的室内娱乐场所和皮克斯、迪士尼制作的动画电影，而这些几乎是所有其他孩子都喜欢的东西。

这种不敏感的孩子作为体验乐趣的环境对于敏感的孩子来说却是痛苦。每9个孩子在尽情享受这些的时候，就有1个孩子躲在角落里，用手捂着耳朵。这个地方让人太难受了。人、灯光和噪音组合起来，对他们的感官不断地进行着攻击。

如果你是高度敏感儿童的父母，不光要意识到自己孩子特定的需求必须像任何其他高度敏感者的需求那样被管理，同时还要知道这是你的孩子带给你的额外责任感。

如果觉得自己的孩子属于高度敏感人群，那么一份官方的评估（比如，伊莱恩·阿伦很棒又免费的那个，我在前面已经提过了）能够帮助你确定触发自己孩子高度敏感的诱因。在大多数情况下，这些知识会和大量的常识以及奇思妙想一起，会极大地帮助你和你的孩子。专业关注通常并不需要，当然如果你担心的话，向儿科医生寻求帮助也不会带来什么伤害。高度敏感性是一种自然和正常的特征。

不管你自身是否高度敏感，你都可以成为一个高度敏感儿童的伟大家长。正如我们看到的那样，每对夫妇都有优点和缺点。因为我自己是个高度敏感的人，我理解高度敏感的孩子们在面临着什么，而且直观地知道如何在特定的情况下做出反应。我对于他们的挣扎深有体会。我的丈夫威尔并不是高度敏感的人，在抚育我们这些高度敏感的孩子时，他拥有独特的力量。这样说并非是不在乎他的不敏感，而恰恰是因为这一点。他给我们高度敏感孩子的正常生活带来了基础和平衡。当孩子们按下了我高度敏感的按钮时，威尔并不会烦恼。而且正是由于他不敏感的本质，他比我更能促使我们高度敏感的孩子尝试新东西。

所有家长都会维护自己的孩子，但是高度敏感儿童的家长应该了解他们每个孩子需要什么，并且培养那些与他们经常交往的人。通常，这对于本身不是高度敏感的家长来说更为容易。孩子越小，就越适合把他们与会让他们发疯的诱因隔离开来，如买没有标签的衣服，调低他们兄弟房间音乐的音量，或者让游戏室中保持起码的整洁。这样，我高度敏感的孩子们知道接下来会发生什么，我曾要求保姆先给孩子们读某本书前，先让他们自己读一读这本书的结尾，如果他们要求这样做的话。我曾要求过我妈妈，在孩子跟在后面时不要连续地委派他们4件差事。我还跟孩子的老师说过，不要让我高度敏感的孩子在班级中参加诸如用调料进行手指绘画的活动（有一个真实的例子，每次我想到它都会想吐——说的就是感官过载！）。

理解是任何父母都能给予自己高度敏感孩子的最伟大的礼物。不要假装他们并没有什么不同；他们已经知道了自己是什么样的人。为了茁壮成长，他们需要承认，理解和欣赏让他们变得独一无二的东西——他们需要你也能这样做。

高度敏感的好处

高度敏感是一个褒贬不一的包袱。有时候，高度敏感的人感觉好像他们跟非敏感类型的人在重要特征上是相同的。他们做不到的是不能一次性地泰然处理许多事情，而非总是那么强烈地体验所有事！但高度敏感也有其好处，我不认为许多高度敏感者会毫无抵抗地就牺牲它们。

对于高度敏感者来说，坏消息是他们的神经系统极度敏感，但这也可以是个好消息。如果你是个高度敏感的人，很难让你相信这是个好事——至少在世界变得不堪重负，你正在幻想着独自搬到佛蒙特州树林中的小屋时是如此——但有时让你想逃跑，躲起来的敏感也能成为一种巨大的力量。体验更多的确有优势。这个特征会让你成为一位心地善良和爱关心人的朋友，一位富有同情心和聪明智慧的顾问，一位颇具洞察力的员工和一位精神追求者。

高度敏感者可能有强烈的感情。他们本质上是富有热情的人，也能够让别人感受到他们的热情。他们拥有超强的专注力，能够将大量的注意力投注到自己关心的事物上。他们能够深入地探索问题，能够看到别人错过或者选择忽视的细微差别。他们非常有洞察力，能够洞察到非敏感类型之人错失的各种事情。他们很擅长深度的交谈，渴望探索有意义的话题。而且他们很有创意，能够让他们内部的超意识产生新的想法。当我们从这个角度思考高度敏感时，它听起来就非常酷了。

就我而言，我也曾很难相信自己的高度敏感实际上"正常的"，比如我会因为一首不怎么样的流行歌曲而哭泣，尽管客观上我认为它很愚蠢。或者百货商店里刺耳的电梯音乐会让我感情爆发。或者杂乱的厨房工作台会让我濒于崩溃。但了解更多关于我神经系统的东西，让我明白了尽管非敏感类型的人比高度敏感类型的人要多得多非，但我也并不是独自一个。我很高兴自己是这个样子。理解自我也让我在周四的早上不再尖叫——为此，我非常感激。难道你不是吗？

4

爱与其他盲目行为

——爱的五种语言

自打我认识威尔以来，甚至在我们结婚之前，他妈妈每逢特殊节日都会给我寄送贺卡。

　　威尔妈妈非常喜欢贺卡，每逢她所爱之人过生日，她就会准备一场贺卡攻势。在威尔外婆过 80 岁生日的时候，威尔妈妈安排了通过邮件发送 80 封贺卡的庆祝——不光有来自朋友的，还有来自陌生人的。外婆觉得这种庆祝方式实在是太棒了。有一位朋友过 70 岁生日，她的邮箱中神奇地收到了 70 封贺卡，这一切都要归功于威尔妈妈。我过去并不理解这种行为：这些贺卡不过就是纸而已——其好像并不能够承载温暖的人际交流，这些昂贵的纸张只不过提前印上了商业信息而已！

　　而且，我从来也不是一个"贺卡人"。我不在乎这些。我会保存婆婆送给我的这些贺卡，但又不知道如何解决因保存它们而生产的杂乱，扔了吧，又觉得心中有愧。

几年前，我对此的心态改变了。现在，我也开始寄送贺卡，（或者至少我打算这样做，并觉得自己之前错失了一些机会）。这并不是我婆婆改变了我的想法——亦或者是我的朋友和丈夫。盖瑞·查普曼（Gary Chapman）1992 年的著作《爱的五种语言》（*The Five Love Languages*）将我引入了另一种性格框架的世界，改变了我对于贺卡的想法。

这本书以及其后续作品——对男人、儿童、青少年、单身者甚至是军人的爱的语言——引发了各地读者的共鸣。查普曼的书已经卖出了上千万册，而且数量还在增加。书中提到的想法简单易懂。它们提供的框架能够迅速改变你看待别人的方式，并在经过大量的练习和意向性后，改变你的感情关系。

正如我们在之前章节中所学到的那样，各种性格框架揭示了人们面对世界时在根本上是不同的。我们每个人都有不同的视角，影响着我们所做的一切，我们的恋爱方式也不例外。正如所有其他性格差异一样，对于表达喜爱的非恶意误解会对我们最重要的关系带来严重的破坏。这些误解在我们和我们所爱之人中间树立了一堵墙，阻碍了良好沟通的进行。

有时候这些误解是无害的，甚至是有趣的。十几岁时，我和家人搬去了德国。在高中学了几年德语后，我的交流技能足以满足自己在德国去某些地点、餐馆或者乘坐交通工具时的需求。

然而，我的想法却在那个夜晚改变了。当时，我和一位德国朋友在明斯特一家舒适的小餐馆吃饭。我们的晚餐非常棒，而且容易填饱肚子。当我们吃完后，服务员走到我们桌旁，问我们是否还要些甜点。我很快地用德语回答道，我已经很饱了，吃不下任何东西了。

听到我的话后，服务员满脸惊讶，而德国朋友则突然大笑起来。在勉强抑制住不笑的冲动后，她解释到，我刚才告诉服务员的是，我怀孕得厉害已经吃不下任何东西了。当时，我是一个身材苗条、面带稚气的 15 岁少女。

当时，我的语调很好，用词精确，目的也很单纯。当时我还在想，为什么服务员不理解我的意思。而事实上是，我所说的根本不是自己想要表达的意思，甚至连边都不沾。

我的错误没有带来什么严重的伤害。我们还在讨论甜点，在场的一位精通英德两种语言的朋友纠正了我的错误。这样的交流障碍每天都会发生。只不过，那些错误不是关于甜点的，而是关于最重要的人际关系。当涉及爱恋时，关键的是要理解我们每个人说的爱的语言感觉起来就像英语和德语那样不同。在我们甚至没有意识到自己正在说不同的语言时，我们特别容易在翻译中丢失信息。

关于五种爱的语言

从根本上讲，查普曼认为爱是一种行为，其必须以他人能够理解的方式来证明。他介绍了人们表达爱意的5种主要方法：

1. 肯定言辞；

2. 黄金时间；

3. 收送礼物；

4. 服务行为；

5. 身体接触。

我们每个人都能流利地使用五种语言中的第一种——这是我们第一语言，是我们与生俱来的，并且很可能也是我们父母和兄弟姐妹所使用的语言。我们大多数人对第二种语言感到相当舒适，但是对于其余的三种却未必如此。

当我们没有意识到或者不记得我们的第一语言并不是唯一的语言时，麻烦就不可避免地产生了；而这只是麻烦中的一种。当配偶（孩子、父母或朋友）说不同的语言时，如果我们不能流利使用对方的语言，我们就不能相互理解彼此。即使我们真诚地用最好的方式去表达，其他人可能也完全理解不了我们的行为。反之亦然。

这并不是某一个人的问题。正是人类体验的多样性才让事情变得有趣。但作为人类，我们都有感受爱的基本需求，特别是来自我们最亲近之人的爱。如果我们不学习第二语言，让我们所爱的人真正感受到我们对他们的爱，那么我们注定要失败。

消除语言障碍

我们大多数人通常能够识别出来自我们所爱之人的爱意表达。但是查普曼说，我们的感情"油箱"并不能被填满，除非我们说的是第一种爱的语言。

我第一次了解到"感情银行账户（emotional bank account）"这个概念，是威尔和我与另外七八对新婚夫妇在社区参加一个小团体活动时。从那之后，这成为我一直坚信的概念。想象一下，我们每个人都有一个内部账户，但是存储的并不是金钱——而是爱。当我们收到并真正地感到爱的表达时，就会有一笔存储进入我们的账户。当我们所爱的人做某些事情（或不做某些事情），让我们感到不被爱护时，就是支出。在这个小团体内部，在口头上追踪能观察到的存入和支出已经成了我们的一个玩笑。当一位丈夫对他的妻子说一些赞美的话时，就有人开玩笑地说："现在，你有一笔存款了！"当相反的情况发生时，有人就会大声说："你最好不要透支他的账户！"

这听上去似乎很蠢，但当时我们都很年轻并且处于恋爱中，即便做一些蠢事不也是很正常的吗？

事实上，我记得那个冬天我们时常会说团体中的某人从妻子的账户中支取了太多。我们都是用一种开玩笑的口吻，很有趣也很轻松。当时我觉得这个男人这样做，是因为他会直言不讳地指出每个人的长处和短处，包括他的妻子；而他的妻子应该是接受了甚至喜欢这个男人的做法。几个月后，当他的妻子告诉我，他们正在办理离婚手续时，我非常震惊。他们是我们朋友中第一对离婚的。他的妻子解释道："他说他爱我，但是我从来没有真正地感受到。"

在《爱的五种语言》中，查普曼用了一个类似于情感银行账户的隐喻：情感爱恋油箱（the emotional love tank）。他写道，我们每个人都有一辆需要某种燃料的车。不管我们设想的是什么，一个银行账户还是一辆车，意识到里面是空的都会带来痛苦。一个空的油箱，或者一个空的银行账户，让我们感到的是孤立、未知和不受重视。而这对于任何关系都是具有毁灭性的。

感觉自身受到了足够的关爱对我们的情感健康至关重要。

而情感油箱要加满的话，则需要真切地感受到真正的爱（即使理智上相信是满的也没用）。

那么，如何让自己的油箱保持满的状态呢？我们需要确保自己表达爱的方式是所爱之人能实际接收到的。这意味着要学习他们首要的爱情语言，即使这些语言对于我们来说并非理所当然，也正因为如此，这才是他们感受到我们爱的最佳方式。

在任何关系中——尤其是婚姻和家庭关系中——每个人不仅需要知道自己被爱，还要感受到爱。如果我们不学习所爱之人的爱情语言，那么那个人就感受不到我们的爱。更糟糕的是，不以所爱之人能够理解的方式传达爱意，不光会让他们感受不到爱，而且会让他们觉得我们有意把爱攥在手中，不给他们一样。这样很不好！

能够说你配偶的语言，会保证你们双方在最初的激情消退时仍能感受到双方的爱意。查普曼提到，最初"恋爱中"的感觉会持续两年。为了长远的打算，必须学会配偶的爱情语言。

值得一提的是，爱的语言框架也会打开你的视野，让你能够更深入地理解伴侣——他们是谁、喜欢什么、喜欢什么或讨厌什么。

在学习爱的五种语言时，重要的是记住爱是一种选择。如果不能自然地使用所爱之人的爱的语言时，我们就应该想办法解决这个问题。每天，我们都需要证明自己是爱他们的。

五种爱的语言的解释

为了准确确定你的爱的语言，你首先需要了解每种语言看起来是什么样子。一旦你这样做了，就会在自己和所爱之人的生活中发现它们。

肯定言辞

将肯定言辞作为首要语言的人，喜欢对方通过赞美和欣赏的话表达爱意。只是用你的行为表达爱是不够的，他们需要听到你将爱说出来。

对于这种人来说，话语的重要程度难以想象。想象一下，房产经纪人的关注焦点总是"地点、地点、地点"，那么对于需要肯定言辞的人来说，则是"话语、话语、话语"。这些人喜欢赞美、关心的口吻和鼓舞人心的短信。体贴的重要性是普遍承认的，而这些人是所有人中最渴望它并欣赏它的。他们需要别人对自己的付出表示真诚的感谢，而且他们需要经常听到"我爱你"。

黄金时间

将黄金时间作为首要爱的语言的人，最能理解一心一意的爱情。这里强调的是时间的质量，并非所有在一起花费的时间都是黄金时间。这并非通常意义上所说的在一起看电视节目。注重黄金时间的人，注重的是有质量的谈话，包括分享各自的想法和感受。他们需要的不是对事件本身的谈论，而是需要知道你对事件的感受。

使用这种首要爱的语言的人，通常非常注重在一起做些优质的活动。这些活动可能是一次长长的散步，一次周六的独木舟旅行，一次周末的日常生活逃离，甚至是一个地下室清理日。查普曼将这种对优质共享活动的渴望，称之为黄金时间的一种"方言"。

当威尔和我开始约会时，我们喜欢一起跑步。现在我们仍是如此。真的，而且等你发现那个让你觉得DMV（车辆管理局）

也可以忍受的特别之人时，你就不会让他离开。不出所料，我们都很看重黄金时间。

收送礼物

将收送礼物作为首要爱的语言的人，喜欢真实有形的爱情象征。他们想要的是可以握在手中的东西，是一个可以触摸的爱情象征。有些爱情象征很明显——一个结婚戒指、一个周年纪念手环或者一些纪念品。但一些便宜的礼物也可以成为爱的象征——第一次约会地方的票根、一朵小孩子握着的蒲公英或一张手写卡片。比如，我丈夫上次去西雅图出差时，从我最喜欢的咖啡店里带回来了一磅咖啡。虽然咖啡并不贵，但是这让我知道他了解我、知道我喜欢什么，也让我知道即便在 500 公里之外，他仍然想念着我。

有时候你能给出的最重要的礼物就是自己的存在，尤其是在对方需要你的时候。这意味着在回家的路上拿一下披萨，或者一同看一场你不太感兴趣的节目，而你这样做只是因为你的爱人要求你这样做。

服务行为

对将服务行为作为首要爱的语言的人来说，话语是很廉价的，他们希望你的爱能够落实到行为上。当看到某人出于爱为自己做某些事情时，他们会非常感激。这其中涉及的行为可能包括上百万种——修剪草坪、做晚餐、打电话给电器维修工等等。这意味着配偶要承担他们伴侣所畏惧的责任，只因为他们知道自己的伴侣会对此非常感激。

然而，这并不意味着你要成为一个受气包或者乞怜者。对于这种将服务行为作为首要爱的语言的人来说，这些行为不是出于责任、愧疚或者畏惧。相反，这些行为是出于爱，而且会按分类存入他们的感情银行账户。

身体接触

身体接触并不仅仅是你想的那样。（许多男人错误地将身体接触是首要爱的语言误认为与性有关，但查普曼明确表示这只是其中的一个方面）。将身体接触作为首要爱的语言的人，通过身体接触来感受彼此的相互连接、密不可分。比如，在你说一些重要的事情时将手放在爱人的胳膊上，在和伴侣打招呼或说再见时送上一个拥抱或吻，你们坐在沙发上看电影时挨得近一点。所有这些简单的事情，对于将身体接触作为首要爱的语言的人来说都非常重要。

这类人通常将触觉作为本能，欣赏具有宜人材质的东西，如舒适的毯子；或者像手写便条这样的有形交流，而非短信或者电子邮件之类的东西。

并非只针对成人

爱的语言并非只针对成人。在每个年龄阶段，我们每个人都需要知道我们被爱着。我们也需要经历那种爱。这是基本的、普遍的人类需求。虽然五种爱的语言在核心上对于孩子和成人来说都一样，但这些语言的使用方法体现在孩子身上时还是有所不同的（我们稍后会更多地讨论这一点）。

当你学习自己孩子的语言时，你们的关系将会更加稳固、更加放松、更加令人享受。

你首要的爱的语言能够改变吗？

查普曼认为，一个人的首要爱的语言可以保持多年不变，但是在不同的时间段，不同的语言会占据优先位置。例如，我通常会为家人做晚餐，并且在绝大多数情况下都享受其中。即便威尔和我都是将黄金时间作为首要爱的语言的人，但在写这本书的有限时间内，很多时候都是他做晚餐，这并非是因为他喜欢做饭，而是将其视为对我的一种服务行为。

威尔安排了修理洗碗机的预约，并在下班回家的路上去百货商店购物。在过去，他并不会因为我说"我太忙了，没有时间"提供这些服务活动。现在，他知道我忙得难以脱身，并问我如何才能减轻我的负担。

虽然这些活动看起来像是我们的爱的语言在随着时间变化，但是查普曼相信这些只是由于环境作用而发生临时的转移，而非永久性的变化。

让这些信息在你生活中发挥作用

一旦理解了五种爱的语言，你很可能就会认识到自己首要爱的语言是什么。如果你不能立马明白，那就问问自己，什么时候需要感受到爱，你的要求是什么？是一次背部按摩，是让配偶做一次晚餐，是让朋友办件事，还是让所爱之人说出为什么爱你？

当你尝试确定自己的语言时，就会注意自己对爱是如何表达的。我们都倾向于用自己希望接受的方式来表达爱。人类的本性就是，自己会为他人做那些想要他人为自己做的事。当你从容地对另外一个人表达爱意时，你是选择和其共度黄金时间、身体接触还是赠送礼物？如果有了答案，那么你选择的方式很可能是就你的首要爱的语言。

而确定他人的爱的语言则更为困难一点。为了弄明白这个问题，你要注意他们向你和其他人表达爱意的方式。

花些时间考虑自己和所爱之人的爱的语言是有帮助的。然而，却没有必要沉溺其中。首先，查普曼相信在这方面我们可能是双语者。其次，爱的语言的最大危险在于，因为误解和可能造成的伤害完全无视它们的存在和重要性。如果你已经花了时间仔细思考，那么盲点也不会再是盲点了。

当两个人的爱的语言不一致时

如果两个相爱的人说的爱的语言不一致时会怎样？可能会是以下情形：想象一下，威尔和我有一个空闲的周六下午。我想做些事情让他感觉到被爱、被欣赏。于是，我打算着修剪一下草坪，为花圃加覆盖层，让我们的院子看起来很棒（如果你发现了有效的服务行为，那你应该因此受到称赞。我讨厌整理院子的工作，而且服务行为也并非是威尔的爱的语言，他爱的语言是和我一起干活）。但是威尔有不同的计划。

他想喝两杯咖啡，谈论一些我们一直想谈论的事情，进行一次长长的散步（这个计划中到处都有黄金时间）。

你能够看到正在酝酿的冲突吧？整理院子虽然是我讨厌的工作，但是我想通过这一点向威尔表明我爱他，但是威尔对此并不在乎。他希望和我一起干活，享受黄金时间，因此他不会欣赏我的努力。更糟的是，他会觉得我将整理院子放在了优先位置——而他知道我对此甚至连喜欢都谈不上。由此，按照他的想法，我想展示我爱他的话，我就会做其他事情！

说属于孩子的爱的语言

对于一个心理健康的孩子来说，需要知道自己是有人爱的，这一点毫无疑问。缺乏这种自信，他们就感受不到安全。这就是爱的语言产生的原因。虽然一个孩子接收所有五种语言表达的爱是有益的，但他们的首要语言是确认他们如何理解父母之爱的最好方式。

查普曼说，在5岁前确认孩子爱的首要语言是不可能的——试都不要试。在这个阶段，以及任何对孩子爱的首要语言抱有怀疑的阶段，要先尽量流利地使用所有五种语言，用各种各样的方式去表达自己的爱。如果对展示自己爱意或欣赏的最佳方法不确定，不管是对于任何年龄或者背景的人来说，这都不是一种坏策略——让所爱的人沐浴在这五种语言之中，直至你确定了最适合他们的方法。

在这里快速地浏览一下，针对儿童的爱的语言在实际中是什么样子的。

肯定言辞与孩子

在对爱进行交流时，言语始终是一种强大的方式。如果没有收到父母的肯定言辞，对于将其作为首要爱的语言的孩子来说，他们的感情油箱是不会满的。不要老说自己不善表达。为了孩子的心理健康，你需要学习如何说话。

正确的赞扬是非常重要的，对于这部分的论述已经很多了（除了爱的语言之外）。对于孩子来说，你的音量和你表达的方式很重要。

特别是关于孩子，重要的是记住爱的语言的反面。刻薄的话可能是有害的，但对于将肯定言辞作为首要语言的孩子来说，伤害不止于此。这种类型的孩子喜欢听到"我爱你"，当然，他们也需要在出色地完成工作时收到一份真诚的感谢，或者是在午餐盒上贴上一个表示感谢的便条，或者一个表达自己正在想他们的电话。

黄金时间与孩子

将黄金时间作为首要爱的语言的孩子，渴望受到父母一心一意的关注。他们要感到自己的存在对你是很重要的。

我的一个女儿，比其他孩子更需要从所爱之人那里获取黄金时间。通过和妈妈一起读故事，和姥爷一起散步，和爸爸一起外出办事的方式，她创造了很多一对一的时间并享受其中。她的要求经常包括"只有你和我"这个关键语。比如，"妈妈，我们可以来次茶会吗，只有你和我？"

给予孩子黄金时间可能意味着一起玩游戏、出去吃冰淇淋，或者观看他们的足球比赛；也可能包括坐在客厅的地毯上玩卡车，或者比谁能在游泳池里溅起最大的水花来；也可能是定期的家庭用餐时间，或者特殊的睡前仪式。其他的家庭仪式也很好，比如桨板运动（在度假时我们组织整个家庭做的事情），或者在周五晚上徒步旅行或者吃披萨。对于有很多孩子的家庭来说，这可能意味着需要为一对一相处时间创造空间，不管是只有几分钟还是一整个下午。

我知道有一个家庭养着 12 个孩子。这家的父母很难给每个孩子找出一对一的黄金时间，因为孩子实在是太多了。但那家的父亲曾告诉过我，当他去百货店、银行或者餐厅，他总会拉上一个孩子，这样他们就能在车里进行一对一的谈话。

礼物与孩子

这种爱的语言与金钱无关，而与爱有关。首要爱的语言是收取礼物的孩子，会将接收实际有形的爱意表露视为满足情感需求的方法。礼物对于这些孩子来说是重要的象征。

记住，表露爱意和宠溺孩子是有巨大差异的。如果送礼物被滥用了，孩子们是能认识到收到的礼物不是爱的表达，而是爱的替代品。

拥有这种首要爱的语言的孩子甚至会欣赏那些不用花钱的礼物——来自你度假地的明信片，在你散步过程中发现的有趣的鹅卵石，或者手写的便条和信件。在你用特殊的盘子给他们盛上食物，在开车旅行出发前或者长期外出办事时，特意为他们包了一些特别的东西，都会被他们认为是礼物。

服务行为与孩子

养育子女就意味着服务，父母总是在为孩子做事。他们给孩子提供食物、住所、衣服——人们对父母期望就是如此。他们做饭、打扫、去拼车、洗衣服。养育婴儿和幼童时感觉这种服务行为好像永无止息一般。

要理解这种爱的语言会变得复杂，因为许多养育行为就是服务。当谈到作为爱的语言的服务时，我们说的是那种可以作为礼物的服务，是一种作为爱的有意表达——而不是出于责任、必要或者义务。这些服务行为并不是必须给予的，绝对不是出于行为改变的目的（例如，"在考试中得到一个 A，我就带你去吃冰淇淋"）。

绝大多数孩子的感情会因为感受到了爱而受到影响。但对于拥有这种首要爱的语言的孩子来说，这些服务行为是他们最能感受爱的方式。这意味着在即便不需要时，仍然要服务于你的孩子，而且还是以他们认可的方式。在高中的时候，我常常被让卧室变得更有品位的想法弄得手足无措。父母不光允许我把自己的房间从淡蓝色重新漆成砖红色，还帮我选择精确的色号。记得妈妈曾把我带到商店，挑选一条新的成人款羽绒被。多年后，我仍然记得她帮我完成特殊项目时所花的时间和努力。

如果你的孩子的首要语言是服务行为，你可以做这些事，比如在他们生病时表达你的爱意，每隔一段时间为他们做一顿特殊的早餐，当他们睡过头时帮忙准备东西（千万不要严厉斥责他们！）或者找到他们最喜欢的泰迪熊（对于年龄较大的孩子，他们最喜欢的是你能帮他们找到车钥匙）。

当然，亲自给孩子洗衣服是一种服务行为，但是教他们自己洗衣服（特别是他们要上大学的话）或者向他们展示如何洗车也是一种服务行为。教给他们基本的生活技能，既是为人父母的工作，也是一种爱的行为，因为你想让他们对现实世界做好准备。

身体接触与孩子

所有的孩子都需要身体接触，而且这种需要是经常性的。这意味着并不只有"有感情的"接触，例如紧靠、搂抱和亲吻。更多贯穿于童年时期的身体接触来自于玩游戏：挠痒痒、摔跤、击掌庆祝和拳头碰拳头。这对于将身体接触作为首要爱的语言的孩子们来说尤其重要。

将身体接触融入日常生活中很简单：在走进走廊时和孩子击个掌，与孩子热情地问候和告别，不管是拥抱、亲吻或是在肩上拍一下。家庭成员间的集体拥抱是一个将身体接触和一些青少年可能抗拒的东西结合起来的好方式。在我家，我们用集体拥抱的方式将孩子揉成一个整体，不管是"西拉斯三明治"还是"萨拉玉米卷"。也许，将来他们可能不会再接受这样的身体接触方式，但起码现在还没有。

在家庭之外说欣赏的话

爱的语言并不局限于家庭生活之中。

每个人都想感到他们做的工作是重要的，不管这种工作是创建事业、坐在办公室、参加志愿服务还是在周六下午外出办事。当他人对我们的工作以及我们自己表示欣赏时，我们感到自己所做的事情的确重要。为了享受工作，将其做到最好，并长期保持下去，我们需要感受到欣赏。

但是，让一个人感到被欣赏的东西，并不一定会让另外一个人有同样的感受。除非这种欣赏用我们能理解的方式表达，否则我们不会听到或者注意到这种欣赏。

由于在公司谈论爱的语言会有点怪异，因此在工作背景下，查普曼将爱的语言称之为"欣赏语言"。在工作中，我们需要知道自己是被欣赏的，而且也要感受到。这并非只是温暖模糊的感觉；感觉受到欣赏会激发对工作的满意度，会改善工作场所中的同事关系。反思这些语言会帮助我变得自觉、积极和友好。即使没有人能理解你正在说的欣赏语言，但在你的关注焦点转到对他人所做之事的欣赏时，自己的经验也能得到提升。

对他人的语言保持敏感，会给我们的工作提供巨大的帮助，不管这种帮助是在委员会会议上，还是在邻里间。在倾倒垃圾的指定日，我退休的邻居会替这条街上所有年轻父母将垃圾箱从路边拽回原来的地方。这就是欣赏在实际中的体现。

几年前，我帮助过一个处于个人危机中的人。当时，她筋疲力竭、心烦意乱，在工作中感到的只有痛苦。我们正在对她完成的另外一个项目进行评估，里面出现了很多严重错误，她过来找我，提出了一项怪异的要求。"我知道我现在做得不好，这让我很痛苦，"她说，"但你可以告诉什么时候我能做好某些事情吗？我知道这听起来很奇怪，尤其是现在，但是这对于我来说真的很重要。"

她所需的欣赏语言是鼓励性的话语，所以我很快将自己的注意力转移到她做的正确的事上，不管什么时候我看到了她做好了某些事，我就会告诉她。从那时起，我就养成了注意、欣赏的习惯——大声说出和我一起工作的人所做的正确之事。而他们的首要爱的语言是否为肯定言辞并不重要。肯定他们的工作当然不会伤害他们，对我来说，专注于积极的一面，要比因为人们搞砸了某些事情就大声呵斥他们要好的多。

如果你的人际关系还不够好，那就自己首先迈出第一步，即便只是为了自己。人生的现实是人们往往会得到他们所给予的东西。现在就开始尝试用各种方式对他人表示欣赏——使用全部五种语言——看看会发生什么。你周围的人对哪种语言反应最好？除非自己尝试，否则你不会知道答案。

5

你没有疯，你只不过不是我而已
——凯尔西气质类型

几年前，我很担心我的一个孩子。为了讲这个故事，就采用化名勃朗特吧。因为在书中提到孩子，即便没有透露他们的姓名，也足以让他们尴尬了。

勃朗特天生就是个小心谨慎的孩子。对于所有事情，她都需要被提前告知。如果我们要在8月去海边，她要在1月就知道这件事。她要在这周日就知道我们下周五晚上吃什么。从奶奶家回来时，她从不喜欢走新路。我曾经很担心这类行为，不知道她是否过于顽固，缺乏变通，尤其是涉及学校作业、整理房间和日常行事时。我甚至考虑过向家庭治疗师预约一次检查，给这些行为找找原因。

无怪乎我不能理解她的行为，勃朗特和我对事物的感觉经常是相反的。她喜欢按惯例行事，而我总是与规则作斗争。当我按预先的安排做某事时，其实内心很不乐意。我不喜欢提前做太多的计划，我喜欢在厨房里即兴创作。

在初为人母的时候，我曾在一本育儿书中读到过一些自那以后不断困扰我的事情。作者在书中说，父母与孩子间的"适合度（goodness of fit）"是彼此之间关系成功的关键，但这一点却很难控制。父母与孩子正好适合的几率跟比赛中获得平局的运气一样小。

由于担心勃朗特和我之间会发生这种情况，我努力想办法解决这种不太理想的匹配。我考虑过咨询专业人员，因为我需要提升自己的信心。我想让局外人来确认一下，我正在培养良好的母女关系。我想听到的是，我没有在孩子身上犯下大错。我想要学习有助于缓解勃朗特焦虑的东西，确保自己没有加剧她的焦虑状况 。

威尔让我冷静下来。他说："你不完全理解勃朗特，我也不完全理解她，但我觉得她现在的状况还可以接受。她只不过不像你，也不像我而已。"

我想威尔是对的，但是并不十分确定。

不久后，我碰巧翻阅了临床心理学家大卫·凯尔西（David Keirsey）的《请理解我Ⅱ》（*Please Understand Me II*）。这本书带领我走向了在第一章中提到的我的"啊哈"时刻。这本书用一种易懂的方式解释了复杂的人格概念，尤其涉及人际关系的那部分。凯尔西概括了四种基本的气质类型——四种区别明显的基本组合，每一种都由特有态度、价值观念和才能组成。我们每个人都可以被分入这四种气质类型中的一种。凯尔西关注不同类型人之间是如何相互影响的，不管是好的还是坏的。他确定了可能导致冲突的原因和管理这些问题的方法。他描述了不同气质类型的人在作为配偶、父母和孩子时所面对的问题。他也解释了每种类型的人是如何为另外一种类型的人增色，又是如何让其他人发疯的。

我直接翻到了养育子女那章，发现自己在阅读过程中不住地点头。很明显，勃朗特属于"护卫者"的类型，就如凯尔西所说的那样，这是一种SJ类型（感知＋判断，如果你理解不了，也没有问题。我们会在下一章谈论这一点）。这种类型的人拥有寻求安全的人格，将自尊建立在自己信任的可靠性之上，并且容易自责。这种人会对确定好的、界定清楚的日常管理作出积极的响应，这些让她的生活变得可以预测。

现在我明白了护卫者所做的事情了。

在这本书中我也看到了自己。书中"理想主义者"类型的描述引起了我心中的共鸣，这是一种NF（直觉＋情感）类型。理想主义者重视和谐、仇恨冲突。他们喜欢与包括他们孩子在内的一小群人，建立起深刻有意义的关系。与护卫者形成鲜明对比的是，理想主义者善于创新想法和临时制定计划。

这个示例让人眼界大开。护卫者需要安全、维护传统、保护现状。理想主义者们则是寻求可能性，想象另一种未来，喜欢提问，"要是……怎么样呢？"这些从根本上不同的角度影响着从购物清单、日常生活安排到事业选择方式等所有的东西。难怪勃朗特和我总是让对方感到沮丧。

不幸的是，所有的父母都会在某种程度上把自己投射到孩子身上，期盼他们比我们想象的更像自己。人类有一种冒险行为，总是要在某种特别的关系中充当权威人物。理想主义者们很容易这样做，因为这个类型的人认为可能性和潜力到处都是。因为他们非常注重个人成长，特别容易按照自己的想象去改造孩子。

尽管我没有意识到自己正在做的事情，但是事情仍在继续。随着我对自己与孩子间的互动关注得更加密切，我意识到自己哪里错了。在勃朗特早上 8 点问晚上吃什么或者想在周一提前制定出周末的计划时，亦或其他她想要而我不能提供的上百种情况中，我会告诉勃朗特"不要担心"。我没有按照那种方式生活，为什么她却应该呢？

我很幸运地恰好发现了这个人格框架体系，发现了护卫者类型的孩子与理想主义类型父母互动方式的描述，其对于我与孩子间关系的表现简直是准确到了匪夷所思的地步。我的行为并不健康但还属正常。一旦看到我们之间正在发生什么，我们就能够超越它。这几乎即刻就能发生。

凯尔西写道，在这种涉及两个人的努力时，理想主义者需要理解他们的小护卫者是"双脚都在地上的小人，异常关心责任、安全、权威、归属，很少展现出理想主义者身上的浪漫和热情。"换句话说，我的孩子完全表现得像她自己，而不是我。我曾经将自己的气质投射在她身上，但她已经拥有了自己的气质。勃朗特不需要改变。她会长成自己注定成为的那个人。我可以鼓励她成为将要成为的人，甚至帮助她成为一个更好的自己。但我不该试着将她变成一个她不会变成的人，尤其不该把她变成像我这样的人。

我越注意我们之间的互动方式，就越清楚真正需要修正的是我的观点。我需要接受孩子本来的样子。我承认虽然有时候这会令人沮丧，因为父母总是喜欢孩子按照自己希望的方式成长，但实际上，了解了这点也让人感到非常轻松。

对于凯尔西气质类型你需要了解什么

人类人格中存在四种基本气质类型的想法古已有之。一些学者相信对气质的首次提及可以在《旧约》中的"以西结书"中找到。在第一章中，我提及了以西结看到的异象，以西结在火中看到了四种生物——一头狮子、一头公牛、一个人和一只老鹰，每一种生物都有人类的面孔。有些学者认为这四种面指的就是气质。

公元前400年，希波克拉底将四种"体液（humors）"纳入他的医学理论中。他也因此被认为是引入了四种气质类型的人。他相信个人的人格和行为会受到这四种体液的影响：血液(blood)、黄胆汁(yellow bile)、黑胆汁(black bile)和黏液(phlegm)。一种居于主导地位的体液对人的行为影响最为深刻。

古代的文学著作和文化都受到了气质的浸染，我们可以在亚里士多德、乔叟、蒙田、约翰逊、休谟、卢梭、托尔斯泰、劳伦斯等人的著作中发现对体液的提及。这样的例子不胜枚举。在公元前340年古希腊共和国，柏拉图写道"四种人"，每一种人都有不同的力量、角色和思维方式。莎士比亚证明了他对古代气质学说非常熟悉。麦克白夫人就是强大的胆汁质型、约翰福斯塔夫爵士是黏液质型、薇奥拉则是位多血质型的女主人公。

哈姆雷特，莎士比亚著作中著名的人物之一，是最有名的抑郁质人物。在故事的开头，哈姆雷特的母亲就注意到他的黑暗面，并不断地催促他："哈姆雷特，好孩子，抛开你阴郁的神气吧。"哈姆雷特备受忧郁的影响（在莎士比亚的其他许多著作中提到任何"黑胆汁"过度失衡时，往往都是健康状况不佳的标志）。随着剧情的发展，哈姆雷特陷入了越来越深的悲伤，随后疯狂，最终他毁了自己，也毁了周围的人。对于莎士比亚原有的观众来说，他忧郁的含义很明显：这是一场悲剧。

纵观整个历史过程，这些气质已经被以各种方式提及：血液、黄胆汁、黑胆汁、黏液；多血质、胆汁质、抑郁质、黏液质；空气、火、土、水；技艺者、护卫者、理想主义者、理性者。

大卫·凯尔西在 20 世纪 50 年代建立了自己的气质框架，将自己的理论编纂为一个名为凯尔西气质类型调查问卷 II（Keirsey Temperament Sorter II）的工具。我是在首先发现迈尔斯－布里格斯类型指标（Myers-Briggs Type Indicator）的几年后，才碰到了凯尔西气质理论，但是对其的理解却更快。这并不意外，因为凯尔西理论中变换的部分较少，这对于一个非专业人士或一个在自我探寻方面的新手来说，理解起来更为容易。

除了这些不同之外，凯尔西气质类型与迈尔斯－布里格斯类型指标也有重叠的部分。如果你想理解更为复杂（和稍有不同的）的迈尔斯－布里格斯类型指标，理解凯尔西气质类型是一个很好的基础。迈尔斯－布里格斯类型有 16 个类型，而凯尔西的框架中只有 4 种核心气质。凯尔西有限的气质类型让你正确地识别出自己所属的类型——以及你所爱之人所属的类型——成为可能。

虽然它决定你的气质类型直截了当，但这并不意味着它就一定简单。

决定气质的两个因素

在凯尔西的框架下，有两个因素决定了气质：我们如何使用词语（我们说什么）和我们如何使用工具（我们做什么）。按照凯尔西理论，我们所有人都会在使用词语时倾向具体或者抽象，在使用工具时讲求合作或者实用。

将这两个因素交互的方式绘制成一个二乘二的矩阵，我们可以看到这四种气质的人如何行动和使用词语（我不想让你在这里感到困惑。这真的很有趣，就像学习一门新的语言。谢天谢地，这门语言很简单，也很实用）。

		词语	
		抽象	具体
工具 乐与合作的		抽象 NF 合作者	具体 SJ 合作者
实用主义的		抽象 NT 实用主义者	具体 SP 实用主义者

那些在词语使用中注重具体的人——护卫者（SJ）和技艺者（SP）——最关心的是能被看到、摸到和处理的事物。他们通常在交流中看重字面意思，注重真实和细节。他们关注用语言表达是什么的问题。

相反，那些在词语使用中注重抽象的人——理想主义者（NF）和理性者（NT）——并不需要将他们的交流限制在可触及和有形的事物上，而更倾向于处理与想法、可能性和想象力有关的事物。这些人在建立理论、推究哲理和进行假设时会非常在状态。他们喜欢用隐喻和盛赞之词。

工具使用的概念比较难以把握。对于凯尔西来说，工具可以是用来达成行动的任何东西。咖啡机是一种工具，同样，高速公路、房屋、民主党、学生家长和教师联谊会也可以是工具。一件工具可以是完成某事的某个或任何东西。

工具使用有两种基本的方法：实用主义和乐于合作。那些使用实用主义方法的人想做任何有效的工作。只要工作能够完成，他们并不关心其是否符合传统，是否为社会所接受或者美观。那些使用乐于合作方法的人只做正确的事情。他们重视合作和社会习俗，并将这些东西置于效果之前。

这两种特征的结合——词语用法＋工具用法——产生了四种可能的气质。有些人能够立即认识到，他们的交流是具体的还是抽象的，他们的行动是实用主义的还是乐于合作的。另外的人则需要阅读更多关于这两种因素的组合的描述，了解它们如何在每天的生活发挥实际作用（正版的《凯尔西气质类型调查问卷 II》可以在他的书《请理解我 II》或者网上免费得到）。

接下来的描述将会帮助你进一步理解这些类型。

每一种气质类型

四种气质类型提供了对四种不同类别的人的理解。

发现这四种类型如何充实起来的以及如何彼此互动是非常有趣的。当你读到对于这四种气质类型的描述时，很容易看到不同类型间的误解是多么容易爆发，因为每个人看待世界的方式都有根本性的不同。理论上，世界显然需要所有的四种类型，但在日常情况下，在我们不理解为什么某些人没有以我们的方式看待事物时，人格上的多样性会引起各种各样的冲突。

技艺者 (SP)

词语：具体的

工具：实用主义的

技艺者在人口中占有很大的比例（30%~35%）。他们具有艺术性、适应性和随和性。他们拥有享受生活的真正才能，因为他们活在当下，彻底根植于现实世界。他们接受现实本来的样子，而不是幻想着它可能的样子。他们喜欢玩乐、思想开放而且富有包容心。他们是右脑型的制造者和创造者。

技艺者擅长使用各种工具和机器。他们有强烈的审美感，不仅想欣赏美，还想创造美，不论他们正在做的工作是艺术性还是实用性的。

与其他气质类型相比，技艺者喜欢兴奋，讨厌无聊。他们对于多样性的喜欢胜于所熟悉的东西。技艺者是行事果断的人——他们都很冲动。他们脑子很快，能做出迅速反应。他们很自信，相信自己的直觉。

他们会将所有事都尝试一遍，是反复试验的支持者，因此会带来极好结果的实验。技艺者往往都是创新者，能够将他们的战略才能良好运用。

凯尔西对技艺者总结道："技艺者类型会是有趣的玩伴，有创造力的父母以及排忧解难的领导者。"

哈利·波特就是一个积极技艺者的良好例子。哈利对那些他认为重要的事情充满激情，受到大多数人的喜欢。哈利可能鲁莽冲动，但非常享受活在当下的感觉。相对于整理细节，他总是追逐冒险，而前者被他高兴地留给赫敏。对于读者来说，幸运的是哈利鲁莽的冒险让阅读变得很棒。

（对于熟悉迈尔斯布里格斯类型指标的人来说，相应的类型就是 ESTP，ISFP，ISTP 和 ESFP。）

护卫者（SJ）

文字：具体的

工具：乐于合作的

护卫者在人口中的比例占到了 40%~45%，其数量远超其他类型。护卫者明智而审慎，被认为是社会支柱的那类人。这个可靠、值得信赖并且始终如一的类型维护（或者"守卫"）着现状。护卫者非常关注礼仪与传统。他们是习惯性的生物，喜欢按惯例行事。他们非常合乎逻辑、天生谦虚，并以其常识而闻名。他们关注现在是什么，而非可能是什么。

护卫者说话都直截了当，能够很精确地描述正在发生的事情。他们喜欢事实，擅长记忆细节：名字、生日、周年纪念日、社交活动等。这让他们很擅长管理，可以从合适的角度看待一切。

他们工作勤奋，有非常强的职业道德。把工作交给护卫者去做，你可以完全放心。护卫者会做世界上许多"吃力不讨好的工作"，会经常在自己所在的社区和教堂做志愿者。

在人际关系中，护卫者是一个稳定的有影响力的人，并会产生"忠诚的伴侣，负责的父母和稳健的领导者"。

护卫者寻求责任，倾向成为军官、CEO 和法官。他们经常研究商业、法律和其他实用的领域。按凯尔西的话说，几乎一半的美国总统都是护卫者。

《绿山墙的安妮》（*Anne of Green Gables*）中的玛丽拉·卡斯伯特（Marilla Cuthbert）就是活生生的护卫者例子。马修·卡斯伯特（Matthew Cuthbert）和玛丽拉·卡斯伯特正在考虑收养一个能在农场帮忙的男孤儿，但被派去的邻居却从孤儿院带回来一个女孩安妮。玛丽拉没有把这个可怜的小女孩直接送回去的唯一原因，是将抚养这个小女孩视为了"一种责任"。玛丽拉尊重传统、规矩和社会现状。她是一个勤奋工作的人，是一种习惯生物。在安妮年轻的时候，玛丽拉是个负责、稳健和有影响力的人物。这个故事中许多有趣的时刻都来自于玛丽拉护卫者的气质和安妮理想主义者的气质相互碰撞，就如同下面的交流：

安妮："玛丽拉，我昨晚梦到了自己穿着公主的衣服参加舞会，每个人都被我的尊贵所折服……"

玛丽拉："尊贵？瞎说。你那脏兮兮、油油腻腻的水都滴到我干净的地板上啦！"

（对于熟悉迈尔斯布里格斯类型指标的人来说，相应的类型就是 STJ，ISTJ，ISFJ 和 ESFJ。）

理想主义者（NF）

文字：抽象的

工具：乐于合作的

凯尔西估计理想主义者在人口中占 15%~20%。理想主义者富有洞察力、想象力和同情心，从其深深关注的世界尤其是人际关系中寻找着意义和重要性。他们是想法类的人物，对可能性和看不见的潜能感兴趣，能够将看起来不相关的想法连接起来。与技艺者和护卫者相反，理想主义者关注"可能是什么"。

理想主义者非常喜欢隐喻，对夸张法有一定的偏好。他们非常擅长将自己放在他人的处境。他们对细微差别很敏感，善于读取身体语言和面部表情。他们相信自己的直觉、第一印象和自我感觉。在团队中，他们通常积极乐观、感情强烈、容易想入非非。

理想主义者相信每个人都是独一无二。理想主义者确实很可能将自己看作特殊的雪花，但真相是他们将你也看作其中之一。这也是为什么在所有气质类型中理想主义者最有可能对各种人格分类着迷。他们被身份深深吸引，致力于追寻、辨别和理解自己。他们需要理解自己，同时也努力地理解他人。

在人际关系中，理想主义者会成为"认真的同伴、富有培育精神的父母和鼓舞人心的领导者"。

理想主义者擅长通过语言文字分享想法，可能成为发言人、作家、老师和传播者。

电影《电子情书》（*You've Got Mail*）中的凯瑟琳·凯莉（Kathleen Kelly）向我们展示了现实生活中理想主义者可能的样子。她富有理想主义情怀，对生活满怀期望，对人殷切周到，不管是她的朋友还是客户。除了试图采用乔·福克斯（Joe Fox）的口头禅"这与人无关，只是生意"，凯瑟琳总是禁不住亲自处理自己的人际关系。她确信自己商店的营业状况会好转，尽管资产负债表显示这已经不可能。和弗兰克分手时，凯瑟琳告诉他这里没有其他人，但是有"某人的梦想"。她乐观、富有想象力，并且致力于在自己的生活和工作中找到意义。这些都是强烈的理想主义倾向。

（对于熟悉迈尔斯布里格斯类型指标的人来说，相应的类型就是 ENFJ，INFP，INFJ 和 ENFP。）

理性者（NT）

语言：抽象的

工具：实用主义的

理性者关注的是想象而非具体的事物，关注"是什么"的问题。尽管他们角色重要，凯尔西猜测他们在人口中的比例不超过5%~6%。这些聪明、富有逻辑和喜欢沉思的人在设想各种真实的、想象的和假设的问题解决方案时非常出色。他们有实验精神，思想开放，灵活变通，不关心社会政治和传统。

理性者对琐碎的事情没有兴趣，因而对闲聊不感兴趣。他们不喜欢自我吹嘘和推销，也不会说什么废话。理性者很少重复自己，不愿费力去陈述明显的东西，认为对他们明显的东西对其他人也一样。他们对精确定义事物很关心，很容易陷入别人认为是吹毛求疵的麻烦之中。

这些好奇、分析型的人喜欢建立各种理论，解决各种问题。他们关心的是如何将连贯的论据汇集在一起，并努力理解事物的运作方式，这样他们就知道如何让其更好地发挥作用。他们关心高效，这意味着他们总是对系统中的低效问题保持警惕。他们秉持着怀疑精神，始终在搜寻着错误，以便将其修复（也可能只是在他们头脑中）。

理性者本质上是讲求实用的——对他们想要的东西都是奉行实用主义。他们看上去沉着、冷静和泰然自若，但容易被误认为为人冷漠，不易接近。

按照凯尔西的说法，"理性者会成为讲道理的伙伴、有个性的父母和注重战略的领导"。

《傲慢与偏见》（*Pride and Prejudice*）中每年收入超过 1 万英镑的费茨威廉·达西（Fitzwilliam Darcy），就是一个理性者的典型代表。他讨厌东拉西扯的闲聊，当然也不擅长这个。他这种令人尴尬的举止在一次内瑟菲尔德舞会上冒犯了所有人。他讲求实际的本质体现得很广泛，不管是他告诉宾利珍对什么不感兴趣还是追求自己想要的，不管是为自己保护伊丽莎白还是说服他个人反感的韦克翰与丽迪亚结婚。可以肯定的是，他在整个小说中的角色在不断发生改变，但达西最终说服了伊丽莎白和自己结婚，因为伊丽莎白了解了他冷静沉着、泰然自若的举止之下的一切。

（对于熟悉迈尔斯布里格斯类型指标的人来说，相应的类型就是 ENTJ，INTP，INTJ 和 ENTP。）

让这些信息在你的生活中发挥作用

这四种气质中哪一种最能描述你自己？在阅读过本章中简短的描述后，很多人可以很自信地将他们进行归类。但如果你不确定或者想确认自己的答案，我向你推荐《凯尔西的气质类型调查问卷 II》。

熟悉四种气质

如果你想让这些信息在自己的生活中发挥作用——我当然希望你能够这样做——就应该花费些时间熟悉气质描述。很多人有和你类似的经历，也就是说他们能够立即识别出自己是理想主义者，孩子是护卫者，配偶是理性者或者老板是技艺者。你要浸入其中，熟悉这四种气质。是的，这些人与你不同，而且他们本该如此。

当我开始和人们谈论气质，有时候他们会问，"哪种气质是最好的？"我的回答始终是一样的："对什么最好？"

每种气质都有一定的特征，但不可能成为每个人的全部。每种气质都有很大的力量，但没有一种气质能够拥有所有的力量。我们不可能既保持传统又追求前沿，既注重细节又崇尚宏观，既严肃古板又常心血来潮。

用虚构的角色来描绘微妙的点通常更容易，所以我就从一本精彩的小说中举个例子吧。在奇塔·迪瓦卡鲁尼（Chitra Banerjee Divakaruni）的《在我们拜访女神之前》（*Before We Visit the Goddess*）中，一段关系在许多年后开始消解，因为男人开始对自己的伴侣感到厌烦，她刻板、守旧、从不想尝试新事物。但这个男人却没有察觉到的——这也是作者想让读者看到的——是，他的伴侣是个忠诚可靠、值得信任的人，而且他之前也正是因为这些品质才爱上伴侣的。读者在迪瓦卡鲁尼引导下看到了其笔下人物所看不到的一面：他想抛弃刻板、守旧的她，但是又舍不得忠诚可靠、值得信任的品质。而且，非常不可能让一个人同时既寻求冒险又稳重可靠，既热情奔放又严肃认真。真实的情况是：没有一个人能够满足我们的所有需求。这就像你想要你的配偶变得高大，但有时候又愿意他们矮点一样。

没有普通人

理解气质要意识到的一件事是它改变的认识，不只针对自己或者自己人际关系的某一方面。随着越来越意识到人与经历在多样性上的惊人程度，你的世界观会发生改变，自己会更加谦虚，更加放开，更加意识到你所遇到的每个人身上的可能性。我想起了 C.S. 路易斯的文集《荣耀之重》（*The Weight of Glory*）。他在其中写道："没有普通人。你从来不只是和一个凡人交流。"

鉴于路易斯死后永恒的生命观，他解释道："我们每天都在某种程度上帮助彼此达成某种目的。正是因为这些数量众多的可能性，我们需要用适当的敬畏和慎重来对待彼此，对待我们所有的友谊，所有的爱意，所有的玩乐和所有的政治活动。"

在日常生活中，我们都会碰到自己不喜欢的人。有时我们可怜的小脑袋并不知道如何处理这些不喜欢，我们的行为也因此变得糟糕。生活在一个包含艺术家、律师、音乐家、管理者、教师、出租车司机、厨师和做各种事情的人在内的世界，我们并未心怀感激，反而被遇到的这些人吓坏了，因为他们和我们不一样。我们甚至希望他们能够更像我们。这种思考方式是一种完全正常的冲动，但仍然要小心自己的希望。

当你希望有人像你一样

"希望有人像自己"是人类的本性，即便这个希望只是稍纵即逝。然而，当你试图让那个人变得更像自己时——有意的或者无意的——也就是凯尔西所说的"皮格马利翁计划（Pygmalion project）"，你却不想以任何方式、形态或者形式参与其中。尽管如此，我打赌你可能已经以某种形式参与其中了。我们大多数人都是如此。

"皮格马利翁计划"这个短语来自于古希腊人物皮格马利翁，其最为人所知的就是其在奥维德（Ovid）的诗歌《变形记》（*Metamorphoses*）中的露面。在这首诗歌中，皮格马利翁是一位雕刻家，用象牙雕出了一个完美的女人并爱上了她。在阿弗洛狄忒同意赋予这个雕像生命之后，皮格马利翁与她结婚了。

在 1964 年，奥黛丽·赫本（Audrey Hepburn）的电影《窈窕淑女》（*My Fair Lady*）就展示了一个皮格马利翁计划是如何实施的。事实上，电影最初就叫《皮格马利翁》。赫本扮演的伊莉莎·杜利特尔（Eliza Doolittle）是一位出身工人阶级、有着浓重伦敦腔的年轻卖花女。雷克斯·哈里森（Rex Harrison）则饰演傲慢的语言学者亨利·希金斯（Henry Higgins），他曾和人打赌能够"改造"一块最粗糙的原材料——在这里指的是伊莉莎·杜利特尔。通过训练她不同的说话方式，让其冒充贵妇人参加皇家舞会。希金斯的实验是成功的，他收到众多称赞，而伊莉莎则一无所得。而且她讨厌被当作一个试验品来对待。

我们看着屏幕上的希金斯，可能会想，我绝对不会那样做。但是对于自己的皮格马利翁计划，我们则很容易接受，并试图用同样的方法将爱人塑造成我们理想的形象（通常看起来是我们的形象）而非接受他们本来的样子。只要回到本章的开头，你就会明白我的意思。

父母很容易在自己孩子身上实施皮格马利翁式的做法，有时甚至没有意识到自己正在这样做。我们都想把孩子养成"正确的"样子，但却没有意识到对我们来说正确的理解对他们并不一定正确。父母们不是唯一犯这种错误的人。

虽然理想主义者最容易这样做，但所有人都会犯同样的错误，特别是在我们没有认识到人类气质多样性的广泛魅力的时候。值得庆幸的是，如果我们提前知道前面的道路有拐弯的地方，就能够在开车时做好应对的准备。

我曾在自己的后院瞥见过皮格马利翁计划，尽管我并不是那次事件的煽动者。我的丈夫和我正在招待朋友吃晚餐，他们是我们在教堂授课时偶然结识的一对夫妇。在此之前，我们已经和他们聊过多次，但从没有在这种亲密的环境中交流过。我们不知道这对夫妇刚刚庆祝完他们的第一次结婚纪念，但还是非常喜欢他们。

我们围坐在后院烧烤架旁的餐桌，彼此间的会话模式变得越来越明显。它是这样的。

妻子：我们四年前还在多米尼加……

丈夫：是五年零一个月之前。

妻子：好吧。我们在多米尼加的时候，就吃过这些非常棒的烤香蕉……

丈夫：它们不是香蕉，是芭蕉。

妻子：当时我们和朋友马克和海莉在一起……

丈夫：海莉最开始并不在，她是稍后才来的……

这位丈夫会对妻子说的任何真实发生过的事进行核查，并更正每一个她从嘴中出现的非重要细节。这对于他来说是第二天性，但却让我们感到厌倦。

在餐桌旁，我以一种温和的方式向这位男士询问相关问题（我是一个理想主义者，最为看重的就是维护和谐）。我为他们两个人感到尴尬——妻子总是被纠正，丈夫则行事粗鲁。我尽量有礼貌地说道："我非常愿意听这个故事！"

"是的，但我总帮她弄清楚正确的细节。"他说，"每个人都想知道正确的细节！"

这是护卫者的想法。他们讲求细节、真实和逻辑，喜欢事实，注重精确。

但他妻子并不是一个护卫者。

之后就是一段启发性的对话。非护卫者不会因听到这个妻子的所言而感到惊讶，也不会享受她的丈夫——这个自封的事实警察，改正他们两个人间或在他人面前谈话中的事实性疏漏。这位丈夫认为他在帮助妻子成为一个更好的人，但是事实是，他只是在试图把妻子变成一个更像自己的人。几个月后，这对夫妇中的妻子打电话给我说，他们了解了这种局面背后的动因，做出了相应的调整，而两个人都因为这种调整更快乐了。威尔和我也更快乐了，因为他们的谈话不再让我们感到厌倦了！

重点：改善同理心

四种气质的重点不是将人们放入盒子中分类，或者对所有的人类行为给出一个最佳描述。重点是通过理解帮助我们获取改善同理心所需的洞察力，将我们从受困的盒子中解放出来。当我们理解了关于人们不同的人格时，就能欣赏他们之间的不同和对这些不同的基本需求，而不是做我们通常做的事情，对他们的一切都很抓狂。

我们应该学习理解给我们所带来的不同观点，而不是强迫他人进入一个不属于他们的盒子，或者哀叹为什么我们不能像其他人一样。当我们能够更好地理解彼此间的不同，就能欣赏他们本来的样子，即使这并不能保证他们不会偶尔把我们逼疯。理解发生了什么和为什么仍然很重要。

不是碰运气

说到气质，这四种类型缺一不可。我们不想生活在一个没有技艺者、护卫者、理想主义者或者理性者的世界。所有四种类型的人都可以而且确实是在一起工作、玩乐、恋爱，或者干其他的任何事情，尽管每种匹配都有自身的优势和风险。按照凯尔西的框架，或者这本书中其他任何框架，不管两个人的气质如何，只要两个人能够合理调整自己就能建立起适合他们的关系。这是理解发挥作用的因素，欣赏彼此长处与短处，是进入带有现实期望关系的关键。

我开始相信自己之前提的那本老旧的育儿书是错误的。我不再相信"适合度"就是碰运气。一个良好的匹配不是你被给予的东西，而是你可以创造的东西。任何组合都可能很适合，只要你接受那个人本来的样子，用爱支持他们变成自己能够成为的最好样子。

请记住，气质只是描述了我们最初的样子。理解欣赏另外一个人看起来很容易，但在具体实践中却可能是残酷的。学习从他人的视角看待事情很难。如果学习以及更好地与人交流是一种工作的话，那这就是最好的工作。在我的经验中，理解凯尔西的四种气质会让这种学习明显变得容易起来。

6

类型论
——迈尔斯 – 布里格斯类型指标

几年前，我的家人决定尝试一个新的度假地点。威尔和我想去参观家周围方圆 300 英里以内的一些城市和小镇。在我们将范围缩小到密歇根湖沿岸的时候，我开始负责挑选地点，并预定住宿的地方。

在出发前几个月，我就开始浏览旅游网站。我询问了家庭成员和脸书上的朋友们。我细心研究了网上出租的房屋。最后，在离家前的三天，我决定了我们将要前往的小镇和租住的房子。

当我告诉一个朋友自己最终敲定了行程计划时，她说："如果我们一起度假，我要制订计划。我无法让心血来潮的人来负责一切！"

我当时一定是用看疯子的眼神看着她，所以她马上就解释道："别误会，我喜欢随性的朋友！只是把事情留到最后一分钟才解决的方式会让我发疯。我简直不相信这样不会给你造成困扰。"

她是在说我是个随性的人吗？在那一刻之前，我一直认为自己是个做什么事情都要计划的人。上高中时，我会一页一页地读收到的大学宣传册。上大学时，我喜欢坐下来看课程目录，绘制自己的未来。我将课程计划放在一起——从一年级直到毕业——详细地筹划了看起来可能的路线，我有几门课可能达到样本的程度，又可能挤出时间学几门专业。

你抓住了最后一句话中的关键词了吗？就是可能。

我喜欢设想未来的可能性，喜欢从每个能够想到的角度审视形势和计划，测试我头脑中可能的人生道路。我想这就意味着我是一个天生会在事前做计划的人。"天生"的意思就是，我认为自己是擅长并且享受做计划的人。然而，朋友的评论让我意识到自己想错了。比起计划，我在可能性方面更为擅长。

听了朋友那小段话后，我突然明白了一些事情。在那天之前，我一直在想，按照迈尔斯—布里格斯类型，自己到底是个 J [指果断的判断（Judging）型] 还是个 P [指开放的感觉（Perceving）型]。我明白了为什么我很难管理自己的日程表，而且多年来一直如此。我也意识到自己随性的方式，就其本身来说很好，却可能让更讲求条理的朋友承受压力。

这一点非常明显，我不能相信自己之前竟没有看到这一点，但这却是事实。

一知道自己绝对是个 P，我就能解释为什么自己做过的所有事上都有这种偏好，从计划会议到安排孩子玩耍，再到预定假期，都是如此。但是到那时我才意识到。

对于 MBTI 你需要知道什么

迈尔斯—布里格斯类型指标（MBTI）是一个最初由凯瑟琳·C. 布里格斯（Katharine C. Briggs）和她的女儿伊莎贝尔·布里格斯·迈尔斯（Isabel Briggs Myers）在将近 100 年前开发建立的人格调查表。这两位女士非常赞赏卡尔·荣格（Carl Jung）的著作和他提出的心理学理论，但却发现其对于普通大众来说很难懂，而且在日常生活中的用处也不是很大。当时处于二战期间，她们的目标就是帮助那些首次进入劳动力市场的女士，因为战争投入决定了她们最适合的工作以及最能承担的角色。有趣的是，这也是今天常用的方式。

你会从凯尔西的气质类型中看到 MBTI 中的一些内容。凯尔西气质类型中每一种都结合了两种特征，MBTI 的 16 种类型中的每一种则结合了四种偏好，让我们对于每种人格类型都能有更详细的了解。

布里格斯和迈尔斯将她们的一本书命名为：《天资差异：人格类型的理解》（*Gifts Dif-fering : Understanding Personality Type*），从而解释了她们的思维模式。这个书名来自于国王詹姆士钦定版《圣经》中"罗马书"的第 12 章第 6 小节，其中写到我们都有"按我们所得的恩赐，各有不同"。正如你可能想的那样，MBTI 系统的一个基本信念就是，虽然某些类别天然地具有某种癖性，但是却不存在"好的"或"坏的"类型差别。所有类型都是平等的，每种类型都会带来重要和必要的价值。

正如凯尔西气质类型一样，MBTI 评估展示了人们因看世界时透过镜头的不同，而导致的行为差异有多么得大。而MBTI 有 16 种类型，所以能反映出更细微的内容。每个人都被赐予了不同的天资，拥有不同的观点。很多冲突都源于这些不同的世界观，而评估能够帮助我们理解这些不同。

人们必须看到自己 MBTI 类型的最常见反应是，"哦，这很能说明问题！"理解你的 MBTI 类型有助你了解该如何关心自己，如何更好地与周围人建立联系。

这些所有字母的真正意义

MBTI 是基于 8 种心理偏好，可以分成 4 种对立的匹配，我们将之称为二分法。这 4 种二分法产生了 16 种可能的组合。这 4 种二分法如下：

- ·外倾 / 内倾
- ·直觉 / 感觉
- ·思维 / 情感
- ·判断 / 理解

与之前一样，在确定人格类型的时候，务必记住我们都是什么都有一点的人。我们每个人的心理工具带中都装着这 8 种特性。我们都是内向和外向、直觉和感觉等特性的集合体。二分法只是简单捕捉到了我们每个人在每种匹配中更偏向的心理过程。

让我们更详细地检查这 4 种二分法。为了理解 MBTI 调查表，理解指标的框架的词汇至关重要。

内向 / 外向（I/E）

第一组偏好是内向和外向。这种偏好解释了人们与世界接触时喜欢的方式。他们是喜欢将注意力转向外部世界，还是用内省的方式转向内部世界？

对于内向者来说，内部世界或者说思想的世界，就是他们所认为的真实世界。这是他们真实行动发生的地方，也是他们愿意花时间的地方。与自己脑中的想法相互交流对于他们来说自然轻松，毫不费力。

对于外向者来说，真实世界就是外部世界。真实行动发生在他们的外部，这个世界中存在着其他人和各种信息。这是他们喜欢花时间的地方，也是他们感觉最像家的地方。

有的人将这种偏好描述为精力管理——不管一个人是内向者还是外向者，都跟他们注意力集中的地方和获取精力的方式有关。他们究竟是把时间花在了独处还是在与他人共处后感到精力充沛？

绝大多数地区的 30%~50% 的人口是内向者，而其余的人则是外向者。

直觉 / 感觉（N/S）

第二组偏好是直觉与感觉。这个不是说一个人思虑成熟或注重感官享受，而是确认一个人从周围世界摄取信息的方式。

他们的注意力究竟是更多花在通过五官摄入的信息上，还是更多地花在对观察所得的暗含意义上。也就是说，他们注重信息的形式还是潜能？

直觉型的人会天然地聚焦于大的局面，读书时也是一目十行，更善于在看似不相关的想法间建立联系，更容易看到潜能与可能。他们会被表面之下的状况所吸引，关注"可能是什么"的问题。感觉型的人则聚焦于可观察的事实：他们看到了什么，听到了什么，闻到了什么，摸到了什么和尝到了什么。他们关注"是什么"的问题。

感觉者的数量远远大于直觉者的数量。人口中 70%~75% 被认定为感觉类型，这其中女性人口的数量要稍多于男性。

思维／情感（T/F）

第三组偏好是思维与情感。这与思虑成熟、聪明才智和令人动情，或者这个人的心究竟是暖是冷都没有关系。它们所描述的是一个人通常的决策过程。思维类的人和情感类的人在决策时，通常会使用不同的信息。

在决策时，思维型的人善于分析、富有逻辑、始终如一。在寻找基本真相和潜在原则时，他们依靠的是自己的理智。

因为他们是以任务为导向的公正人士，所以很容易被认为冷漠无情。

而情感型的人，总是在评估一项决策对涉入其中之人的影响。他们做出的决定是出于自己的内心，通常被认为热心友好、关心他人和富有同情心。他们为人机敏圆通，会考虑他人的观点，并尽力与他们的决策保持一致。

一般情况下，情感型人口的数量要稍多于思维型人口（约为55%~60%），65%~75%的女性是情感型的人。

判断／理解（J/P）

最后一组偏好就是判断与理解。这种二分法也被称为生活方式偏好或者描述结构偏好，是最容易被误解的二分法。它描述了一个人在面对外围、外部（外向的）世界时，是否带着一种判断或理解偏好，因而是外部世界最能明显看到的一组偏好。

在这个框架中，判断并不意味着动辄对他人评头论足，而理解也不意味着具有很强的感知能力（比如在人与事件方面深具洞察力）。在偏好方面，判断意味着这种类型的人更愿意在他们背后（已解决）作决定（又称判断）。一旦做出决定，不管它是什么，她们都会感到更舒适。理解则意味着"更愿意摄入信息"。理解者更愿意推迟做出决定，以便对新信息保持尽可能长的开放时间，将更多的信息纳入自己的决定。

因为过于关注实现目标和问题解决后的解脱感，判断型的人有丢失新信息的危险。这些类型的人会将计划提前，这样就不必在最后截止日前过于匆忙。他们讲求条理方法，要按计划行事。

理解型的人一直在寻找新信息，往往没有意识到他们这样做是因为自己的第二本性。对于其他人来说，他们看起来灵活机变，率性而为，不喜欢按日程做很多计划。理解型的人面临的危险是因为长期接收信息而失去了做决定的机会。

这种偏好在总体人口中的分布是很平均的，但很可能对判断有轻微的偏好。

16 种 MBTI 类型的简单形式

既然已经勾勒出了 4 种二分法的轮廓，我们可以开始看看这些众多类型是如何体现在行为以及价值观和观点上的。

ISTJ	ISFJ	INFJ	INTJ
ISTP	ISFP	INFP	INTP
ESTP	ESEP	ENFP	ENTP
ESTJ	ESFJ	ENFJ	ENTJ

让我们迅速浏览一下这 16 种 MBTI 类型。我已经在这里写了一段摘要，但如果想要深入了解这些类型，你可以在书本或者网上找到大量的信息。

NT 类型（凯尔西的理想者类型）

INTJ（内倾直觉思维判断）：INTJ 类型的人是一位战略家，其不光能理解概念，同时还可以将这些概念以有效的方式加以应用。我把身为作家和辩护者的 C. S. 路易斯看作是 INTJ 类型的范例。路易斯富有高度的创造性和强烈的逻辑性，能够一手建立其具有深度象征性的幻想世界，能将具有特殊意义的古代神话注入他的成人小说中，并以 20 世纪中期基督教辩护人的身份使用其清晰、系统的辩词捍卫自己的信念。

INTP（内倾直觉思维理解）：INTP 类型的人是一个受好奇心驱动的分析师，其生活在可能性世界中，为各种各样的事物发明理论。我喜欢将简·奥斯汀想象成一个 INTP 类型的人，因为她是一位敏锐的生活观察者，喜欢将笔下人物的不一致行为揭露出来。从奥斯汀的信件中，历史学家推断这并不是她只局限于写作上的一种技能。

ENTP（外倾直觉思维理解）：ENTP 类型是一种具有远见卓识的人，能够看到周围世界中的可能性。安迪·威尔（Andy Weir）的小说《火星救援》（*The Martian*）中被遗弃在火星的马克·沃特尼（Mark Watney），是我最近在书中遇到的最有趣的 ENTP 类型的人。ENTP 类型的人非常擅长现场的即兴创作，为新老问题找到创造性的解决方案，发现计划和系统中的逻辑错误——所有的这些品质都让沃特尼在火星长期滞留间活了下来。

ENTJ（外倾直觉思维判断）：ENTJ 类型的人是天生的领导者，强大果决的本质让其容易获得掌控权。我在夏洛特·勃朗特（Charlotte Brontë）的小说《简·爱》（*Jane Eyre*）中，发现爱德华·罗切斯特具有 ENTJ 类型的品质（如果我们能将自己妻子锁在阁楼的人称为"英雄"的话）。他信心十足，举止威严，他制定计划并从容地执行，并用自己的经验建立了一套用以为生的法则。

NF 类型（凯尔西的理想主义者类型）

INFJ（内倾直觉情感判断）：INFJ 类型的人是孜孜不倦的理想主义者，以自己内心中强烈的是非感为导向。想想《杀死一只知更鸟》（*To Kill a Mockingbird*）中的阿蒂克斯·芬奇（Atticus Finch）。阿蒂克斯是一个罕见（因为 INFJ 类型的人在人口中所占的比例不到 1%）的将理想主义和行动结合起来的人物。尽管说起话来轻声细语，但他会为了自己的信仰奋斗至死，并为看到一个在宏观上和微观上都正确的世界而努力。

INFP（内倾直觉情感理解）：INFP 类型的人是富有创造力的梦想家，他们的价值观、信念和行动都由内在的想象力指导。《绿山墙的安妮》中的安妮·雪莉（Anne Shirley）就是个 INFP 类型的典型范例——一个理想的寻求志趣相投之人。相较于真实世界，她更愿意生活在自己的梦想世界中。她是一个无可救药的浪漫主义者，全身心地投入到自己的理想之中；她一切行动都以单纯的目的为指引，尽管现实并不总是充满阳光和彩虹。

ENFP（外倾直觉情感理解）：ENFP 类型的人是亲切友好，鼓舞人心的热心者，其对于计划和想法的激情能够感染他人。想想《BJ 单身日记》（*Bridget Jones's Diary*）中的布里奇特·琼斯（Bridget Jones）。布里奇特是一个自由的灵魂。她很喜欢诙谐的玩笑，对一切都充满热情。虽然看起来可能轻浮，但她总在搜寻这一切背后的深层含义。

ENFJ（外倾直觉情感判断）：ENFJ 类型的人是充满魅力的说服者，其优秀的人际交往能力可以用来影响、启发和激励他人。简·奥斯汀作品《爱玛》（*Emma*）中的爱玛·伍德豪斯（Emma Woodhouse）可能是我最喜欢的 ENFJ 类型人。她漂亮、聪明、富有（尽管三者中只有一个是 ENFJ 的特征），喜欢受到瞩目，喜欢讲述一个伟大的故事，喜欢用自己的影响力"改善他人"，而且喜欢在想法之间建立联系——更重要的是——人与人之间。

SJ 类型（凯尔西的护卫者类型）

ISTJ（内倾感觉思维判断）：ISTJ 类型的人是安静的社会支柱型人物，非常注重责任、传统和稳定。很明显，《绿山墙的安妮》中的玛丽拉·卡斯伯特就是个 ISTJ 类型的人。我将简·奥斯汀作品《理智与情感》（*Sense and Sensibility*）中布兰登上校也看作是这类人。他值得信赖、公正客观、实事求是，对过去非常尊重——所有的这些品质都导致了尽管威洛比称其为令人讨厌的人，但最后还是帮他赢得了玛丽安娜的芳心。

　　ISFJ（内倾感觉情感判断）：ISFJ 类型的人是善良的养育者，同时具有强大的观察力量和深层的行善愿望。特蕾莎修女看起来就很符合对这种类型的描述。对各种实际问题，她有自己的解决办法，而且对曾经有效的东西有着深深的信赖。下面这句引述的话让她听起来像一个 ISFJ 类型的人："不要寻找伟大的事情，只需用伟大的爱来做平凡的事情。"

　　ESTJ（外倾感觉思维判断）：ESTJ 类型的人是出色的管理者，拥有明确的标准和价值观让这类人成为果决自信的领导者。J. K. 罗琳的小说《哈利·波特》中的米勒娃·麦格（Minerva McGonagall）对我来说就是一个极为醒目的 ESTJ 形象。从外表看上去，她信心十足，有条不紊和坚定不移，对嘲解的机智回答反应迅速。用大卫·B. 戈德斯坦恩（David B. Goldstein）和奥托·克劳格（Otto Kroeger）的话来说："在解决现实世界的问题时，ESTJ 类型的人实际、优雅和正经的方式可称得上是独特巧妙。"这就是十足的麦格的形象。

　　ESTJ（外倾感觉思维判断）：ESFJ 类型的人喜欢交际，

对将最好的东西带给他人真正感兴趣。想想伊丽莎白·盖斯凯尔（Elizabeth Gaskell）的小说《北方与南方》（*North and South*）中的玛格丽特·希尔（Margaret Hale）。玛格丽特对改变很抵触，对失去的老式田园生活总是充满伤感。当看到不公的时候，她会毫无内疚地大声说出，并毫不犹豫地将自己的正当观点分享给他人。

SP 类型（凯尔西的技艺者类型）

ISTP（内倾感觉思维理解）：ISTP 类型的人是动手实践的手艺大师，总是竭力发现事情工作原理，对各种工具的使用都得心应手。无怪乎很多大屏幕上的动作明星，如詹姆斯·邦德都被认为是 ISTP 类型的人。邦德保持超然又不失风度的姿态、反应迅速，不在意规则的限制，总是随时准备立刻采取行动。

ISFP（内倾感觉情感理解）：ISFP 类型的人是牢牢地根植于现实的艺术家，总是准备体验新的事物。我将漫画家查尔斯·舒尔茨（Charles Schulz）和其笔下最著名的人物查理·布朗（Charlie Brown）看作是 ISFP 类型的人，他们依赖感觉和领悟，对周围人有很强的感知能力。舒尔茨将其对于人类本质的洞见引入到自己的漫画中。舒尔茨本人非常安静、善良和谦虚——所有都是 ISFP 类型的人具备的特征。

ESTP（外倾感觉思维理解）：ESTP 是外向的风险承担者，他们都是活下当下，更愿意通过做来学习的人。如果有人喜欢生活在刀刃上，那就是 ESTP 类型的人。想想《飘》（*Gone with the Wind*）中舞会上的美人斯嘉丽·奥哈拉（Scarlett·O'Hara），她总是乐意成为注意力的中心。斯嘉丽可以变得非常有魅力，或者极其势利，（或者同时表现出两种气质，如果你想到了她的婚姻，或者那条为了引诱瑞德·巴特勒而用塔拉的窗帘做的绿裙子）

ESFP（外倾感觉情感理解）：ESFP 类型的人本质上是表演者，其热情和精力经常让其成为关注的中心。我将《蒂凡尼的早餐》（*Breakfast at Tiffany's*）和《冷血杀手》（*In Cold Blood*）的作者杜鲁门·卡波特（Truman Capote）看作为一个 ESFP 类型的人。因为他在处理自己的工作和私人生活时都是这样。卡波特曾觉得《冷血杀手》再也写不下去了，因为这本小说的原型是一件发生在堪萨斯的真实事件，直到他亲自拜访了那个小镇，向有关的人士了解相关情况后，小说才得以完成。在社交生活中，他享受被自己称之为"天鹅"的纽约上层社会女性关注的感觉。

你只能属于一种类型

你可能觉得自己符合 3 种或者 4 种不同类别中的某种。但依照 MBTI 看来，你只能属于一种类型，而非几种类型的混合体。所以打消掉那种你是 INFP/J 类型的想法吧。你的 MBTI 类型并不是 4 个混搭在一起的字母；它描述的是一个行为和思维的整体模式。虽然没有单独一种 MBTI 类型描述能够完美将关于你的一切都囊括其中，但总有一种要比其他类型更为贴近真实的你。

换一个字母感觉起来没有什么大不了的，但这个字母却能带来巨大的差异。两种类型可能只有一个字母的差异，却产生了完全不同的认知功能！（我一直在尽量不使用这个短语。如果你不明白我的话，别泄气，我们就快要让你明白了。）

让这些信息在你生活中发挥作用

MBTI 关注个人成长。从核心上讲，其认为自我理解是通向成长的道路。MBTI 让你感到特殊的同时，也让你感到自己好像不是单独的一个人。

正如二战期间布里格斯和迈尔斯曾设想的那样，在当代MBTI 的评估主要应用范围仍是高校、美国企业和职业顾问。

很多人第一次碰到 MBTI 是在上学的时候，因为全世界的大学都在使用这种评估。很多 20 岁的人并不知道自己在一生中想做什么，尽管他们就是为了这个来学校做准备的。这也是MBTI 评估产生的原因。理解你的类型可能是一条通向重要决策的捷径，比如选择一种研究领域和找到正确的职业路径。这个工具帮助学生对下列内容进行直接评估：他们是谁，想要什么，需要什么，如何在选择学法律或者医学之前成功；他们是更乐意去芝加哥还是洛杉矶；他们应该接受创业公司还是演出公司提供的工作。这个斗争的过程，通过调查表的问题迫使人们形成自我意识和自我检查的态度。在个人层面这也是有用的。很多年轻人可能对自己糊里糊涂，尤其是如果他们属于比较少见的类型。当一个人确定和学习了他们的类型后，就会发现做自己也挺好的。

出于相似的原因，MBTI 在职场上也非常受欢迎。职业咨询师使用它是因为当人理解了自己的人格后，就更能确定属于自己的高效和快乐领域。因为一个人的工作与他们的才能、需求和天赋是密切相关的。

《财富》100 强中 89% 的公司都使用这种评估。让潜在的雇员参加 MBTI 评估作为雇员审查过程中一部分非常普遍。公司使用它的目的是帮助员工成为最好的自己，并通过利用每个人对组织的独特贡献使整个团体更加高效地一起工作。广泛的人才类型能够强化一个组织，避免其失去平衡或过度向某一方向倾斜。所有这些共同工作的类型如果不全的话，一个组织会有许多弱点。使用 MBTI 能够通过引入正确的人——以及他们伴有的力量——就可以缓解这些弱点。

婚姻咨询师经常需要依靠 MBTI，因为它能帮人们更好地理解自己和配偶。它能够提供一个中立的视角，来观看双方的交流方式——无论是精彩绝妙的还是暴风骤雨般的。正如婚姻专家约翰·戈特曼（John Gottman）说的那样，大多数婚姻中的冲突都没有最终答案；我们能够做到最好的就是管理它们，适应它们。MBTI 中有相似的假设：一个人的人格不可能改变，但可以培养，可以通过学习一系列的技巧来促进更好的交流。MBTI 能够改善不同人之间的同理心和理解状况，因而能帮助结婚的人更好地管理这些难以避免的冲突。

迈尔斯 - 布里格斯类型指标是非常有价值的工具，但却被经常误解和误用。让我们来改变这一状况吧。

如何确定你的类型

在以最佳方式寻找自己MBTI类型的过程中，存在的困惑数量之多简直令人震惊。

网上的评估比比皆是，很多人试图通过搜到的大量非正式评估来确定自己的类型。人们喜欢这样，因为这些方法快捷、免费而且简单。虽然这些非正式评估是一个很好的起点，但还是不要过分相信你得到的结果。

为什么？因为你很容易将自己划进到错误的类别中。我曾和许多人谈过，他们说自己每次做网上测试都会得到一个不同的答案，让他们觉得自己的人格类型是可以改变的。这并不是事实。事实是，他们最开始就没有将自己正确地归类，就像我之前一样。迈尔斯和布里格斯基金会要求这个正式的工具需要由经过训练的专业人士来管理，确保你能得到属于自己的最佳类型。它强烈建议测试者与知识渊博的MBTI专家保持持续、定期的沟通。

几年前，我接受了正式的MBTI评估，但将自己归到了完全错误的类别中了。虽然我使用的是正式版，但管埋那次评估的人却是一个业余的爱好者，没有经过专业的训练。我曾被判定为 INTJ 类型的人，但事实上我一个 INFP 类型的人。你可能会记得在大学做评估时我犯了同样的错误。那次错误是因为我对于问题的回答是基于我想成为的样子，而非自己真实的样子。我搞砸了最近的这次测试，是因为我对于问题的回答是基于自己习得行为，而非天生偏好。这些习得行为不会对我的 MBTI 类型产生影响。

人们对自己错误归类是由一系列原因引起的。首先，作为一个自我报告工具，它和一个人答案的准确率是相关的。再者，正式评估中的问题非常简单，很容易产生误导。一般人很难准确理解评估究竟想问的是什么。让进行评估的人感到不解的是，为什么他们的直接反应有助于精准答案的产生。你想要对那些最能理解你本质的人做出回应——不必建模、设计或者训练。为了测试精准，你需要准确描述出自己的天生行为，而不是习得行为。鉴于你背后数十年的生活经历，要厘清这两个问题可能会很难。

词汇也可能会产生不正确的答案。评估是在以不常见的方式使用常见的词汇（外向者、有洞察力的、知觉），对这些本可以理解词汇的困惑会导致不准确结果的产生。

环境因素也可能让结果产生误差。你进行评估时的情绪和疲劳程度也会对结果产生影响。

当然，现在在网上也能找到迈尔斯－布里格斯指标类型的正式付费版，但是如果你想获得一份正式的书面结果，最简单的方法还是和最近的职业咨询中心取得联系。通过和受过专业训练的 MBTI 管理者谈论书面结果，你会发现存在将近 20% 的误差，不管是在进行测试之前还是得到结果之后。（希望读这本书能够提高你获得精确结果的几率！）在读完本书以及与了解你的人谈过之后，你应该具备理解自己类型的基础了。

如果你更愿意自己搜寻结果，请谨慎处理。一些 MBTI 专家特别建议在试图帮助你确定自己的类型时，不要阅读来自网上或者其他地方的各种各样的类型描述。他们认为这些描述具有误导性和混淆性，更像是占星术而非诊断工具。发现这些描述对我自己来说是有用的，它们帮助我建立了一个理解不同人格类型的框架，让我能更容易感受到存在于自己和周围人身上的种类繁多的健康人类行为。

当你试图确定自己类型的时候，记住没有一种 MBTI 类型描述能够完美捕捉到你的一切。你要问自己的是，哪种类型要比其他类型更适合我？

如果你想走免费的路线，我更推荐 www.16personalities.com 上的简单测试。但是请记住，正如我们之前讨论的那样，你得到的结果只是一个起点。

一些进行自我测试的指导方针：

1. 快速回答每个问题。每个问题的答题时间为 5 到 7 秒。如果不知道答案，继续一下道题，稍后再返回来。

2. 凭直觉给出自己的答案，不要过度思考。

3. 对自己诚实。给出真实答案，而不是你想要的真实答案。

4. 如果你不知道如何回答，问问自己如果是个小孩子会怎样做。挑选一个最适合自己小学生时的答案。

5. 尽自己现在所能，因为我们正在深入了解更多的信息，在下一章中我们还会探讨找到你正确类型的内容。

通过你的类型描述获得舒适

一旦你拿到了自己的类型描述，现在就是阅读所有与其有关内容的时候了。我已经在推荐资源部分列出自己最喜欢的书籍。网上有大量的信息，但并非所有的都好，所以要谨慎行事。如果想找到我最喜欢的描述，请登录 personalitypage.com。

你不可能在每个描述的每个部分都看到自己的影子——我确定我没有。你甚至可能不喜欢描述的部分。比如，我是一个

INFP 类型的人，我讨厌任何人把我称为"治愈者"，但这个词却经常被用来描述我这个类型的人。不过，不要跳过这一步，因为这是一种快速而简单的方式，能让你看到自己的 MBTI 类型在实际中是什么样子。在你读过每种类型的常见行为模式之后，你会更容易在生活中辨别出自己或者周围人的相似行为。

如何利用自己的类型

我们的类型从来不应该决定我们是谁或我们该做什么——不管是对我们自己还是其他任何人。或许你听人们这样说过："我是一个 ENFP 类型的人，所以我不可能 ×××。"这不是进行 MBTI 评估的意义。相反，我们可以用 MBTI 类型明晰我们人格的各个方面，了解一直在我们表面下徘徊但从未能清楚表达的东西。一旦发现了这些东西，在真正意识到它们之前，我们实际上是可以做些事情的。

有些行动是切实可行的。例如，在讲求条理的朋友帮助我意识到自己不是个善于规划的人之后，我能面对这个事实并做出相应的改善。在这方面我已挣扎数年，但就因把自己想象成了善于此道的别人，我对自己的挣扎一直视而不见。当摘掉眼罩之后，我可以自由地获取需要的帮助，让那些天生是计划者的朋友帮我使系统就位。

我曾采取过一些更私人的行动。由于了解成为一个 INFP 类型的人意味着什么，我一直能在自己身上辨别出常见但不健康的行为。例如，INFP 类型的人会对重要人际关系进行理想化的处理，因此对方总是不可避免地让他们感到失望——并不一定是因为他人做了什么可怕的事情，而是因为每个人都不可能是完美的。回顾自己的生活，我所看到过的远比本书中尴尬。

另外一个例子。作为一名理想主义类型的人，我可能会很快陷入那种时刻，做一些我想努力学习但稍后又感到很蠢的事情。我发现尽管天生如此，也没有必要一定要跟着感觉走。我可以咬自己的舌头，让我容易点燃的情绪平复下来，避免稍后感到自己像个笨蛋。

你类型的好与坏

我曾说过每种类型都有它的优点和缺点。不同的类型会有不同的需求，对生活和人有不同的期望，也会带来不同的价值。

假设你是一个 ISFJ 类型的人。这个假设很好，因为它是最常见的类型之一。你可能已经知道自己是一个以人为本的人，会牢牢把握住自己的核心价值观。你可能与人为善，积极向上，思想传统。你有责任感，务实并注重家庭。

这是个好消息，很多 MBTI 谈话都停留在好的方面。但让我们利用关于 ISFJ 的信息，来看看你的弱点——也是你的盲点。盲点是我们生活中从来不会担心问题，因为我们甚至都不知道它们的存在。在了解了自己的类型后，不管是好的还是坏的，这些知识都可以作为防护栏保护你，防止你从路边掉下去。当然前提是你的眼睛睁得足够大，路面足够亮。

ISFJ 潜在的盲点包括：你可能对变化感到不适，不管这种变化是来自职业、住所还是关系，比如说分手。你关心事物的表现方式，这可能是一种优点——直至你跨越了那条线，变得过于势利。相较于其他类型的人，你非常关心他人的想法，可能需要更多积极的肯定，让自己感觉良好。如果超出了正常的范围，你可能不会照顾好自己，而是牺牲自己的需求以满足他人。你可能因为别人做了你想做的事情而感到内疚。

这就是 MBTI 能帮你的地方。没有进行 MBTI 评估之前，即便相信自己不会操纵别人做自己想做的事，当你正在这样做时也不会意识的到。但随着你对自己类型的了解，你能看到之前的这个盲点，能发现自己正在这样做，最终停止这种行为（至少在某些时候）。

这些年来，随着我越来越了解自己所属的类型，我对自己的优点和缺点都感到很舒适，能够和他们携手向前。就如同你不可能又高又矮一样，不管每种类型的优点是什么，都不能抵消相应的缺点。

作为一名 INFP 类型的人，我在想法方面是个能人。我能够提出新的概念和可能性。与之相反的就是我并不是一个怎么能坚持的人。但这并不意味着 INFP 类型的人从不能完成他们的计划。在大卫·B. 戈德斯坦恩和奥托·克劳格所著的《创造性的你》（*Creative You*）一书中，他们探索了 16 种 MBTI 类型不同的创造风格。他们对于 INFP 类型的创造性过程进行了清楚的描述，对我很有帮助。对于我这种类型，他们写道："可能性通常要比实际行动更令人兴奋，INFP 类型的人会让计划处于一种无始无终的状态。所以你要抽身出来，在关注截止日期和分享的同时，花点时间考虑如何将你的想法付诸实践；这会扩大你的优点。"

理想情况下，MBTI 能帮你更好地理解如何与其他类型的人交流互动。一旦你了解了其他类型的人是如何看待世界的，你会发现接受他们本来样子会更容易，会知道自己与他们交流时该做出什么反应。通过更多地学习归类，学习 16 种人格类型，你会看到那些曾经被认为是缺点的特征实际上可能是优点。每一枚硬币都有正反两面——每一种人格类型都有优点和缺点，正是因为这样才造成了不同的职业、不同的领导风格等等。

解决沟通障碍

当我们将拥有不同人格类型的人聚在一起时，沟通障碍的出现就不可避免。沟通是我们与不同类型的人密切交流时面对的主要挑战，因为我们每个人阐释、理解和行动的方式都不同。

思维型的人可能觉得自己在谈话中直击要点是思虑周全的表现，没有意识到他们的朋友会将其视为生硬，会感到不太舒服。直觉型的人可能认为在团队会议中分享自己的宏伟计划是在做出贡献，没有意识到他们的感觉型同事会因一时间发生这么多变化感到非常有压力。外向型的人可能在配偶没有立即热情回应他们的想法时感到失望，忽视了配偶需要时间考虑这些想法。

因为我们已经在关系中投入如此之多，所以在它们朝着"错误"的方向发展时，可能会让人非常不安。理解 MBTI 让我们看到误解是不可避免的。当我们与他人见解不一时，这并不意味着出错了。相反，这才是正常情况。

因人格差异产生的冲突可能令人厌烦，但只要我们能了解发生了什么，其就不会产生伤害。不是所有的关系冲突都是人格冲突，但仍然有很大一部分与人格有关。在一个好的人格框架帮助下，我们能通过他人的眼光看待世界，这些冲突通常也能够被有效管理。

不仅仅满足于眼睛

很多人发现 MBTI 是一件非常有用的工具，能够帮助他们理解自己，理解自己的工作、习惯和人际关系。

为了让这种类型论有所助益，你需要得到自己正确的类型——正如我们介绍的那样，这一点很难做到。对于所有缺乏实际经验的 MBTI 怪客来说，这是一个坏消息。因为要真正"得到"框架，你必须了解什么是认知功能以及它们是如何运作的。

如果你对自己的 MBTI 类型感到困惑，这可能就是原因。在下一章中，我们深入探讨鲜为人知但是极其重要的认知功能，这也是该框架的核心。

7

预先做出安排
——MBTI 认知功能

朋友金姆和我坐在厨房工作台旁边，台面上放着一台打开的笔记本电脑，两杯冰咖啡和一个黄色的拍纸本。

金姆扔下长手套，说："除非你一次性告诉关于我迈尔斯－布里格斯类型的全部内容，否则我是不会起来的。"她已经做遍了所有的网上免费测试，但仍然在各种类型间摇摆不定，给不出自己一个清楚的答案。"我不知道自己究竟是属于表演者类型还是企业家类型，"她说道。

"那些都是什么类型？"我问道。

"一个是麦当娜，一个是玛丽莲·梦露。"

"我说的是，这些字母组合是什么？"

金姆不知道，所以我们登陆那个她一直很信任的网站。结果发现她是在 ESTP（外倾感觉思维理解）和 ESFP（外倾感觉情感理解）之间摇摆。

"一段时间过后，所有的这些描述听起来都是一样。你确定我不是同时属于两种类型？"她问道，"我该如何决定？"

我怀疑金姆之所以一直在这个问题上挣扎，是因为她没有确定自己的认知功能。当你跳过认知功能时——大多数人都这样——MBTI信息可能不会像应有的那样对你产生帮助。它甚至会产生严重的误导。这是因为能真正确定你MBTI类型的唯一方法就是你的功能以及你所使用它们的顺序。

关于认知功能需要知道什么

我知道"认知功能"这个术语听起来很棒，但它仅仅是一种描述思维各种不同工作方法的简便方式——也就是我们大脑的链接方式。根据每个人的人格类型，这些功能确定了我们处理信息和做决定的具体方式。学习认知功能就像学习一门新的语言。起初听起来胡言乱语，但不久之后，你就不必在进一步考虑时做速记了。如果你通过了这一步，你就找到了窍门。自己对于MBTI和其工作原理的理解也将会呈现指数级的增长，使其成为一个更高效、更有趣的工具。理解认知功能并不是超级简单的事情，但值得你付出努力。

八大认知功能

你的类型并非仅仅是一种字母组合，而是一种心理行为模式。为了得到最精准的 MBTI 类型，你需要确定自己所依赖的认知功能以及使用它们的具体顺序。对很多人来说，发现这就是评估的全部要点时，都会感到惊讶。游戏的最终局不是简单地给自己的偏好贴上标签，而是发现支撑你人格的心理过程。

这里有 8 种认知过程，或者说认知功能：

理解功能：

外向感觉（Se）　　外向直觉（Ne）

内向感觉（Si）　　内向直觉（Ni）

判断功能：

外向思维（Te）　　外向情感（Fe）

内向思维（Ti）　　内向情感（Fi）

如上面的图表所示，其中4种功能是内向的，4种是外向的。这里的用词很重要。内向就是指向内部，指向内心世界。外向的意思就是指向外部，指向外部世界。这些术语指的不是善于交际的素质，而是每种功能对于世界的取向。

此外，8种功能中，有4种是理解型的：它们帮助我们摄入、处理、理解新信息，目的是探索可能性。另外4种是判断（或者决策）功能：它们帮助我们对信息进行评价以此做出决定，并帮助我们获得结论，制定计划。

每个人，不管哪种类型，都有2种理解功能和2种判断功能，同时也有2种外向功能和2种内向功能。而且，不管哪种类型，每个人都有1种直觉功能，1种情感功能、1种思维功能和1种感觉功能。

我们功能的安排顺序很重要

这些功能不是从乐透机中随机地突然出现的。它们以一种重要的方式一同发生作用。这里有一个功能使用的等级制度。每种MBTI人格类型的功能都遵循一定的操作顺序，从上到下，从使用最多的到使用最少的，从最强到最弱：

主导的（第一）；

辅助的（第二）；

第三的（第三）；

低下的（第四）。

因为我们认为自己的主导功能是理所当然的，所以导致了两件事的发生：（1）我们假定每个人都在用和我们相同的方式与世界交流，（2）我们很难察觉出正在发挥作用的主导功能，因为我们用起来的时候都毫不费力。

如果你是一个外向者（意味着你的 MBTI 类型是 E 为开头的），那么你的主导功能总是外向的。如果你是一个内向者（你的 MBTI 类型是以 I 为开头的），那么你的主导功能总是内向的。你的辅助功能总是与你的主导功能相反，意味着你——以及其他的所有人——前两个功能中有一个外向功能和一个内向功能。

现在让我们谈谈这个辅助功能。如果你的主导功能是你的驾驶员，那你可以将自己的辅助功能想做是副驾驶。在你整个人生过程中，它会和你的主导功能一起工作。作为第二好的功能，这个功能依然非常强大。事实上，它要比你的第一功能更明显，因为你的辅助功能作用的发挥需要有意识的想法参与，这不像主导功能，你只是凭直觉使用它。对于内向者来说，因为他们的辅助功能总是外向的，这是展示给世界的最明显的功能。这是为什么内向者经常感觉被误解的主要原因：他们最大的人格身份确实是隐藏的。其他人是真的没有办法看到在指引着内向者做一切事情的主导过程。事实上我们跟所有的功能都沾那么点关系。我们都是感觉者、情感者、直觉者等等。真正的问题在于，你的功能是哪种（内向还是外向），是按着什么样顺序在起作用？这些功能是如何协同工作的？

八种认知功能的解释

让我们来探索一下每种功能的含义，这样你就能弄清楚你手中的牌都是由哪些功能组成的。这些过程在发挥作用时是什么样子？

要特别注意哪种功能会与你产生共鸣，并且注意各种心理过程。关键是看清楚有多少人的思想与你不同。当我思考这些功能如何发挥作用时，我将它们想象成 8 个软件程序，它们带着各自的特权和优先顺序在我的大脑中忙碌着。为了避免负担过重，我推荐你坚守第一次通读时确定的那个功能。在稍微理解这则信息之后，你可以回过头来，读一读关于朋友和所爱之人的那些功能。

理解功能（Ne，Ni，Se，Si）

直觉是一种理解功能，也就意味着它是管理学习和搜集信息的。

外向直觉（Ne）：外向直觉是一种涵盖广泛的功能，可以设想可能、综合想法，可以在看似不相关的事物间建立联系。它喜欢集思广益、猜测推断，将想法一个个的连接起来。外向直觉是面向未来的，其关注的是接下来可能会发生什么，而不是现在正在发生什么或者过去发生过什么。这个功能在探索一个问题的各种可能角度和侧面时非常出众，但在决策过程中，严重依赖外向直觉的人则很难下决定。

那些用外向直觉作为他们主导功能的人非常能看到可能性和意义的部分。他们无忧无虑、自在随性、思想极其开放。当然，有时候是对错误开放。他们是优秀的参赛者，但想到的想法太多，很难让他们从中挑出一个并坚持下去。他们可能看起来容易分心或者"自大"，因为他们总是被一个想法带向另外一个想法。

内向直觉（Ni）：内向直觉通过对当前和过去事件进行详细和抽象地分析，建立了一个框架来解释这个世界是如何运行的。这个功能非常适合将想法简化至核心，适合集中工作将所有有效的选项缩为单个综合性解决方案。内向直觉是面向未来的：这个功能适合将可能的或者最佳的未来事件结果可视化，针对的不是目前正在发生的事情。这个认知过程很擅长查看行为模式和因果关系，并使用这些模式来预见接下来会有什么。

由内向直觉指引的人是优秀的问题解决者，他们热衷于创造理论。他们善于理解，非常有洞察力，能够发现逻辑上的谬误和不一致之处。他们相信自己的直觉和预感。

感觉是一种理解功能，这就意味着其是关于学习和搜集信息的。

外向感觉（Se）：外向感觉关注此时此地发生了什么。相对于其他功能，外向感觉总是处于当下。对于这项功能来说，通过五官摄取信息，将正在发生的一切记下来的感觉实在是太棒了。外向感觉与外部世界相适应，摄取的原始信息是由五种感官收集而来。

以外向感觉为指引的人都是追寻感觉的新奇爱好者。他们对生活秉持着亲自实践的态度，注重现在的感受，对任何事情的反应都很迅速。他们天生冲动、自信并对美学有所鉴赏。他们擅长吸收感官体验，收集事实，但是不会对其进行过度分析。

内向感觉（Si）：内向感觉是一种以细节为导向的功能，其在储存数据和信息方面非常出色，能够将它们整齐地归档，就像在归档系统中一样。它面向过去，更多地关注曾经是什么而非将来会怎样。内向感觉将内向反思作为重点，更多依赖过去存储的信息来理解现在。

那些以内向感觉为指引的人尊重传统，维护现状，并喜欢照书本行事。他们有组织，有结构，喜欢常规和可预见性，有怀旧倾向。相对于其他类型，他们更相信过去在不断重复上演。

判断 / 决策功能（Fe，Fi，Te，Ti）

情感是一种判断功能，这意味着其与决策相关，但并非仅仅与情绪相关。其优先处理的是在考虑冷酷艰难的事实之前，一项决策是如何影响人的。可以想象一下法官做出裁决的情形。

外向情感（Fe）：外向情感以维持与外部环境的和谐为优先考虑对象。其专注于帮助所有人，并努力去做对于整个团队最有利的事情。与其他功能相比，外向情感更需要满足其社会交流的需求。外向情感者能够很快读取他人的情绪，并对他人感同身受。

以外部情感为指引的人会将他人的情感体现在自己身上。他们能够迅速展示自己的情感和观点，同样能够迅速寻求他人的情感支持。他们不能完全地放松，除非周围的人都是高兴和健康的。他们对他人的情感反应很强烈，容易将别人的情绪如实地反应出来。他们善于表达，适应性强，对批评敏感。

内向情感（Fi）：内向情感向内关注于思想、情感和价值观的抽象世界。这种功能旨在通过尽可能彻底地深刻反思和分析情绪，发现所有一切背后更深的意义。内向情感需要真实性，寻找其信念和行为间的一致性。对于他人的情感，极其容易产生共鸣。

以内向情感为引导的人与他们的情绪保持着联系。他们富有同情心，善于分析，有强烈的是非感。他们往往具有高度的创造性或艺术性，容易感到被误解。他们有着丰富的内心世界，并对事物感受深刻。由于这个功能是内向的，所以内向情感者对于表达自我感受并非总感到舒适，他们不愿意公开流露出自己的情感。

思维是一种判断类型，这意味着其是与决策相关的。

外向思维（Te）：外向思维是一种以结果为基础，行动为导向的功能。它擅长在外部现实中执行想法，以及以一种高效、符合逻辑的方法维持外部环境的秩序。这种功能价值观重视生产率和实用性，在预见未来的影响和趋势方面非常出色。

以外向思维为指引的人讲求实际，善于分析，有决断力，在建立逻辑论据方面技巧娴熟。他们容易成为立场分明的思想者；不像其他人，边界对于他们来说并不模糊。他们能够很快掌控情况，并不介意与人对抗。他们喜欢提出自己的想法并听取反馈。虽然看起来固执己见，爱指挥人，但是他们相信自己是在指出最有效的计划来帮助所有人。

内向思维（Ti）：内向思维向内关注理性的抽象世界。它试图理解事情的工作原理，通过发现支撑世界的逻辑原则来建立一个理解世界的框架。这个功能在组织想法方面很棒，能自然而然地注意到不一致的地方。

以内向思维为指引的人严于律己，讲求逻辑，公正客观。在深入考虑每个想法，检查每个细节，寻找所有部分如何配合方面，他们做得都非常棒。他们能够运用技巧，找到一个让系统更加高效的方法。他们不讲求对抗，看起来好像总是心不在焉，似乎只生活在自己脑中的世界一样。

我们的心理过程随着我们一起成长

随着我们自己的成熟，我们心理过程也在变得成熟。在年轻的时候，我们几乎不能控制或使用较弱的功能。压力大的时候，我们大多会在无意中转向第三级和辅助功能。但这会随着时间而变化。如果你觉得好像随着时间的推移，你正在变得像大多数人那样更加全面，这是因为你较弱的功能正在以一种可预见的方式增强。我们的认知过程会根据我们个人的层级按时间顺序发展。

对于我们大多数人来说，第三级功能会在我们二十多岁的时候变得明显，而第四级功能通常会在我们接近中年的时候才开始发展。有趣的是，压力或者具有挑战性的周期性情绪会促使我们较弱功能更快地发展。

我们中的很多人注意到，随着我们长到二十多岁和三十多岁，我们的人格好像发生了变化。由于我们正在成熟，或者结婚了，或者有了孩子，或者找到了一份新的工作，所以我们的MBTI类型好像也在不断变化着。这并不是真的。我们没有改变自己的MBTI类型，但我们会发展和强化那些隐藏在身上的其他特质。我们会变得更加深入，成为更加完整的自己。

第四级功能是我们最薄弱的环节，也是我们最不熟悉的环节。它也是一些非常有趣的心理学理论的主题。荣格认为，第四级功能是有意识人格和无意识世界间的桥梁。当我们的第四级功能"爆发"时（如处在压力下时），它会对人格提供出有益又有趣的洞见。内奥米·斯隆克（Naomi Quenk）曾写过一本关于在受第四级功能控制时我们如何行动的书，名叫《真的是我吗？》（*Was That Really Me?*）。在这本书中，她考察了在紧张的时候，我们是怎样以可预见的方式脱离正轨的，并解释了我们为何会这样做。

进入第四级功能并不容易，除了在愤怒和压力重重的时刻。当它爆发时，会产生一些让我们感到困惑的行为，因为那与平常的我们很不同。因此，将第四级功能融入到我们整体的自我中就更为困难。然而，对于我们能够理解这种情况的人来说，学习如何获得这种第四级功能可以帮助我们成为最好，也是最完整的自己。

让这些信息在你的生活中发挥作用

既然我们已经有了关于认知功能的更多信息，现在来探索一下 MBTI 真正意味着什么吧。在下面这一摞功能中，你可以看到 16 种 MBTI 人格类型中每一种的样子。

认知功能等级表

ISTJ	ISFJ	INFJ	INTJ
Si	Si	Ni	Ni
Te	Fe	Fe	Te
Fi	Ti	Ti	Fi
Ne	Ne	Se	Se

ISTP	ISFP	INFP	INTP
Ti	Fi	Fi	Ti
Se	Se	Ne	Ne
Ni	Ni	Si	Si
Fe	Te	Te	Fe

ESTP	ESFP	ENFP	ENTP
Se	Se	Ne	Ne
Ti	Fi	Fi	Ti

Fe	Te	Te	Fe
Ni	Ni	Si	Si
ESTJ	**ESFJ**	**ENFJ**	**ENTJ**
Te	Fe	Fe	Te
Si	Si	Ni	Ni
Ne	Ne	Se	Se
Fi	Ti	Ti	Fi

你可以在这个图表上找到自己的位置，并记下自己的功能排序。之后回过头来读读那些涉及每一种心理过程的描述，想象它们是如何一起作用，让你成为自己的。如果这些描述能够引起你的共鸣，那么恭喜你！你已经正确地将自己归类了。如果感觉不一致，那你对自己的归类很可能是错误的。但是不要气馁！当你建立起关于认知功能的有效知识时，你得到自己MBTI 类型的正确几率就会猛涨。

用认知功能决定你的类型

让我们回到金姆的例子，她确定不了自己到底是 ESTP 类型还是 ESFP 类型。当我们在厨房工作台边坐着时，我们绘制了一张图表，展示了每一种类型的认知功能的排序。

ESTP vs. ESFP

Se	Se
Ti	Fi
Fe	Te
Ni	Ni

"难怪你感到困惑。"我说道，并用笔将 Se 和 Ni 圈了出来，"这两种类型很相似。它们拥有同样的主导功能和第四级功能。这两种类型都以外向感觉为指引，意味着你关注于此时此地，并在通过五官摄取信息方面做得非常好。带有外向感觉的人喜欢新奇的事物。他们喜欢亲自动手操作，具有很强的审美感。这听起来像你吗？"

金姆点点头。她是一名训练有素的工程师，经营着一份缝纫生意。她喜欢将从店里买的手提包拆开，找到如何在家制作它们的方法。这其间会产生美妙的感觉。

我同意。这听上去就是在说她。

"但下一个辅助功能，就是你一直在使用的那个，这两种类型是截然不同的。第三种功能也是如此。当我们抓住这些时，我们就能得到你的类型。"

"如果你属于 ESTP 类型，你的辅助功能是内向思维。这个认知功能想知道的是事情是如何工作的。它非常善于理解系统和组织想法。这个功能能够看到所有的东西是如何结合在一起的。"

金姆笑了。"我想我每天都在使用那个功能。"

"如果你属于 ESFP 类型，你的辅助功能就是内向情感。这个功能寻求发现一切背后更深层的含义。这个反思性的过程分析情绪，想体验你所相信和你所做的之间的真实性。"

"呃，那真的不是我。"金姆说道。

我想也不是。

为了确定这个想法，我们查看了一下金姆的第三级功能。在我们站起来之前，金姆已经很自信地宣称她自己是一个ESTP（Se-Ti-Fe-Ni）类型的人。这是企业家类型。但重要的不是标签，重要的是认知功能——我们使用哪些功能？按着什么样的顺序？

让我们来分解一下这个问题。

这就是金姆的认知功能在实际中所表现出的样子。当外向感觉（Se）负责时，它想充分利用所有体验中的所有感官方面的信息——可以尝的、看的、闻的，听的或者摸的。内向思维（Ti）是副驾驶，是评估环境中的逻辑系统和确定它们付诸行动的方式。外向情感（Fe）是下一个，就是要读懂他人动机和情绪的能力。内向直觉（Ni）在最后，在第四级中，它表现为对过度分析的极端排斥。

功能在你身上的体现

既然理解了认知功能，已经确定了功能排序，人们就能在自己身上发现这些功能的体现。作为一名 INFP 类型的人，我的功能排序是这样的：

> 主导功能：内向情感
>
> 辅助功能：外向直觉
>
> 第三功能：内向感觉
>
> 第四功能：外向思维

当谈到我的主导功能内向情感时，我曾是一条不知道自己在什么水域的鱼——其是我环境的一部分，我几乎从来没有考虑到它。现在我能看到我的内向情感处于燃烧的状态的时候。作为证据，我把对本章的第一稿结论写在这里。这段话就是由内向情感组成的。

让我们停下来，欣赏一下对我们所有人都有用的各种心理过程。暂停一下，记住在我们最好的日子里，我们可能只能带来两种价值。这是个多么美好、多彩的世界啊——充满了分享我观点的人，甚至更多的人在以完全不同的方式来看待这个世界。这个世界因为这些不同变得更加美好，记住这一点的重要性始终未变。

注意到这个内向情感是怎样的吗？这个争论集中在思想、情感和价值观上。它向读者指出了一切背后的更深层意义，促使人们在所相信的想法和所做的行为之间保持一致。

对自己的品味，我有点感伤——我是写它的那个人！谢天谢地，在我的功能排序中还有其他的功能。内向情感可能是我的主导功能，但外向直觉是我喜欢的。这个功能使我愿意与之在这个世界一起旅行、探索和尝试新事情——不管是书、食物还是城市、远足。它让我从各个可能的角度看待一个情况。这就是我喜欢宏观想法的原因。

在我三十几岁的时候，我终于学会了认识功能排序中的底部功能。我能看到第三级的内向感觉开始发挥作用，比如在我的多愁善感变得无可救药的时候，在我能够准确记得微小的细节的时候，在我做一个重要计划的时候。而我的第四级功能外向思维，则会在形成有说服力的论点，在贯彻执行计划时发挥作用。

不要放弃

认知功能开始听上去让人感到紧张害怕，但如果你想获得迈尔斯－布里格斯框架的全部好处，就不要放弃。你的努力会有所回报。首先，理解认知功能会让你对自己的 MBTI 类型更为自信。不仅如此，它能让你的工具箱中多一件工具，帮助你理解为什么人们会按照他们表现的那样表现，以及如何应对这种情况，不管这个人是你还是其他人。

我的朋友 J 向我介绍过她最喜欢的工具：标签打印机。她甚至帮我将办公室内的所有文件都贴上标签，这样找起东西来就更容易。给一切都贴上标签的过程有点痛苦，但这种努力最终是值得的。正如我学会给文件夹和盒子贴标签一样，我也学会了给我的某些行为类型贴标签。将你的行为分类放入正确的盒子中，能够帮助你理解自己擅长什么和为什么擅长，帮助你理解为了繁荣发展自己需要什么和如何得到更多满足自己需要的东西，帮助你理解什么样的任务会让自己发疯和如何应对这样的局面。

面对 MBTI，重点不是让自己陷入这些条条框框的分类之中；重点是要以一种能理解的方式组织你的行为，帮助自己理解不同的部分是如何共同发挥作用的，如何在需要的时候找到它们，如何在追寻最好的自己时让它们发挥作用。

8

与自己的优势共舞

——克里夫顿优势识别器

"我一直喜欢阅读，但优势识别器让我爱上了阅读。"

我惊讶地看着我的朋友。虽然之前就知道优势识别器，但我从来没有听过有人给予其这样的赞誉。"我不明白这怎么可能。"我说道，"究竟发生了什么？"

"当进行优势识别器的评估时，我发现自己的最大才能就是信息输入。在每天的工作中我都使用它，但从来没有想过将它应用到我私下读的书中。"

"所以你是怎么建立起这种联系的？"

"当得到结果时，我了解到自己的大脑基本上就像一块非常干渴的海绵，渴望吸收各种各样的有关一切的有趣信息。这是真的，我喜欢学习新东西。"

"还有什么？"我问道。

"结果表明阅读是培养我的信息输入才能的一个重要方式。

这让我突然明白了，尽管阅读读书俱乐部推荐的书目可能是件苦差事，因为这些书目通常是些新的通俗小说，但我喜欢从读的书中学习新信息，我可以按照这个标准来挑选自己的书。"

"那这改变了你对阅读的感觉？"

"的确是这样。现在我正在用适合自己的方式阅读，这是我最喜欢的事情之一。"

最初，我很惊讶优势识别器在评估我朋友的阅读生活中产生了如此之大的影响。但其实我不该如此惊讶的。她一直在有意地使用这种方式。优势识别器帮她确定了哪些是她天然擅长的事，向她展示如何在自己的生活之中做更多这样的事。简而言之，就是评估的使命所在。

对于克里夫顿优势识别器，你需要知道什么

早在 1998 年，汤姆·拉思（Tom Rath）和一群由唐纳德·O. 克里夫顿率领的盖洛普科学家，开始着手建立一个专注于人类优势的框架。用拉思的话来说，"我们厌恶生活在一个以修正我们弱点为中心的世界"。他们想开启一种对话，即人们通过建

立自己的才能，而非惩罚自己弱点的方式来获得成长。这种评估是建立在积极心理学的一般模型上。这意味着评估并不关心你"错"在哪里；相反，它关注的是在起作用的是什么。

在 2001 年，评估的第一个版本已经发表在畅销书《现在，发现你的优势》（*Now, Discover Your Strengths*）中，这个版本被称作是优势识别器 1.0；现在使用的这个版本来自于 2007 年出版的《优势识别器 2.0》（*StrengthsFinder 2.0*）。

最初创造这个工具是针对工作场所。他们想象员工和管理人员会在多人团队背景下使用它。个人的优势常常体现在潜在员工的简历上，公布在组织结构图上，并会在员工业绩评估中被进行讨论。评估通常也会在企业环境中作为一种辅导工具使用。此外，优势识别器还在社区、学校、其他组织中得到运用。在一些新书中，其应用范围延伸到了更广的领域，比如《基于优势的育儿》（*Strengths-Based Parenting*），《*10* 到 *14* 岁孩子的优势探索》（*Strengths Explorer for Kids Ages 10–14*）和《基于优势的婚姻》（*Strengths-Based Marriage*）。

因为其历史和现在的应用背景，优势识别器通常探讨的是工作场景。如果你没有工作，别担心，可以将工作想成"你必须完成的事情"。（这个十分表面化的定义是我自己给的。）我们每个人都参与到了某种工作中，不管这份工作是什么样子的，优势识别器评估都能帮助我们看到自己的优势是如何融入这些事情之中的。

我们每个人都有不同的才能，能带来不同的价值。当我们对自己的优势加以利用，并因此受到赏识时，是我们最开心的时候。我们中一些人将这些优势发挥在办公室中，因为在公司中我们是以团队的形式开展工作的，但即便生活不是这样，我们仍然想要感到自己正在做出有意义的贡献！当我们理解自己的优势时，就能更好地理解为什么自己可能特别适合当一位居家妈妈，或在教会委员会做些事情，或为居民理事会处理后勤工作。当我们理解了自身的才能时，可以清晰地看到对自己非常重要的事情，为什么我们会在待做事情列表中勾出某些个选项，为什么要给朋友们引荐彼此，为什么提出新想法。

使用优势识别器的前提条件是，我们不是全才。优势识别器假设我们拥有千变万化的优点，它不仅帮助我们确定自己所擅长之事，还会准确指出我们做什么工作时会最开心。与许多激励性的著作形成鲜明对比的是，优势识别器假设的基本原则是，我们成不了想成为的任何人——但我们可以对自己已有的部分进行培养。

才能来自天生；优势必须发展

优势识别器建立在 34 个"才能主题"上。才能来自天生。我们的思考、感受和行动方式都是天生的。或许，不用任何尝试，我们天生地能在社交活动中发表意见，或者天生地对在我们肩膀哭泣的朋友产生同情心，或者天生地能够灵活适应计划在最后一刻发生变化的情况。这些都是才能。

优势识别器帮助我们识别、理解和建立我们天生的才能，进而创造出优势。当然，从技术上讲，评估工具帮我们识别的是才能，而非优势。优势是我们能把事情做得极好的能力。如果说"极好"一词对你来说不够专业，那么优势识别器对于优势的定义是，特定活动中"能够持续提供接近完美表现的能力"。向客户解释复杂的财务报表是一种优势，在预算紧张的情况下让一个大家庭有吃有穿是一种优势，或者给朋友写一封有趣体贴的信也是一种优势。（也许有人会说最后一项优势过时了。或许我应该说"电子邮件"而不是"信"？）

其中一些才能对于我们来说太过自然，以致于我们都几乎没有意识到并不是所有人都拥有这些才能。相反，另外一些才能虽感觉陌生，但我们没有意识到其实任何人都可以拥有这些能力。

34 种主题或优势的概览

优势识别器确定了可能的主题，能够捕捉到我们的动机、人际交流技巧和学习风格。通过一系列的问题，评估帮我们在所有的选项中确定了位居前列 5 大主题——也就是，潜在优势领域。

34 种主题可以分成 4 个松散的大类：执行力、影响力、建立关系和策略思维。让我们大概浏览一下人们在这些主题上的表现。

执行力主题

成就。努力工作，享受忙碌和富有成效，希望每天结束时都有东西能展现自身的努力。

催化。非常善于促使事情的发生。

适应。灵活和面向现在。不仅能够对变化的需求和环境做出反应，还非常享受这种感觉。

信仰。坚守核心价值观，用其指导一切行为。始终如一，值得信赖。

原则。通过坚持常规、秩序和可预测性来抵抗生活中众多的干扰。

专注。需要明确的目标以保持工作始终处于正轨上。只要有了正确的目标，就变得专心致志，高效能干。

修复。喜欢修复破碎的东西，不管是字面上的还是比喻意义上的。会因诊断问题和找到解决方案的挑战变得活跃。

自我肯定。不仅对自己的能力有信心，而且知道有些独特的价值只能由自己带给世界。（自我肯定范围比自信要广泛）

意义。渴望得到他人的认可。这种渴望是其努力工作的关键动机。

影响力主题

命令。毫不犹豫地承担责任。天生的领导者，在必要时，不害怕做决定或者面临对抗。

竞争。禁不住与他人比较成功。喜欢赢，但也喜欢为了自己的利益而竞争。

开发。能够认识到并培养在别人身上看到的潜力。

优化。想充分利用被给予的东西。不会仅仅因做出可以称之为好的东西就感满意——除非其达到了伟大标准，否则不会开心。

积极。天生地积极、乐观、精力充沛——而且自身热情具有感染力。

说服。这代表着"赢得他人"。喜欢结识新朋友，并获得他们的赞同、欣赏和友谊。

建立关系主题

交流。不管是通过演讲、交谈还是书面文字的方式，都努力以他人能理解的方式向其展现抽象的想法，并因此感到兴奋。

移情。本能地能理解他人的感受。

和谐。想要大家相处融洽。试图通过寻找共同领域来达成共识。

包容。自然地接受并想要每个人都感觉自己是团体的一部分。

个性。相信每个人都拥有独特的品质，并努力了解这些品质，以便在其他人身上找到最好的品质。

叙述。给人们讲述自己已经知道的内容。渴望真正的关系，尤其渴望深化现有的关系。

责任。掌握自己一切所说，所做和所承诺的所有权。当承担某项任务时，绝对会将其完成。

策略思维主题

分析。有逻辑，严谨，客观。很擅长制定和认识合理的理论和观点。

计划。能够管理特定情况下的所有变量，以形成最佳的可能计划。具有强大的组织能力和灵活性。

连通。相信在某种程度上所有人都是连在一起的。对所有人中潜在统一性的深切信任，让其富有同情心和移情能力，是相反观点人群间卓越的桥梁搭建者。

一致。相信平等对待每一个人非常重要，不管这些人在他人的眼中是否重要或者有影响力。

语境。觉得好像只有理解了过去才能理解现在。

审慎。保守又谨慎，在生活中行事缓慢而小心，始终对潜在的风险保持警惕，知道错误的可能无处不在。

前瞻。面向未来，意味受到的启发更多来自于可能是什么而非是什么。未来的可能性使其兴奋，也能够让别人对这些可能性感到兴奋。

思维。沉迷于想法，尤其是喜欢在看似不同的东西间获得联系。

搜集。喜欢获取关于任何事情新信息的好奇类型，之所以这样做，只是因为世界上充满有趣的信息。

智力。享受因严肃思考而在精神上得到满足。

学习。享受学习的过程。从无知到熟练的过程中找到满意。

战略。善于在可能道路构成的海洋中确定最佳的前进方向。

进行评估

优势识别器的评估在网上就能找到，但是需要访问密码。通过购买书籍《优势识别器 2.0》或者在网上的盖洛普优势中心店（Gallup Strengths Center Store），你就能够获取密码。

我曾做过这样的测试，在这里和你分享这个过程。其具体过程是这样的：登录优势识别器网站，快速回答 177 个问题。这些问题都是成对的自我潜力描述（例如："我梦想着未来"对"他人是我最大的盟友"）。这些描述是同一特质的不同侧面。在每个主题上，你都会获得评分。

对于每个问题，你有 20 秒的回答时间；这么短的时间限制就是为了防止你对自己的答案思考过度。这些问题应该是你不熟悉的；其新颖性能更好地引出你的直觉反应（与熟悉的问题唤起相同的旧答案相反）。如果你选择不回答某个问题，没关系，继续下一题。

进行这个测试绝对会让人感到困惑，好像自己正在做出一些不正确的选择。但我知道这种现象是正常的，所以仍坚持了下来。

整个测试花了大约半个小时。当那极端令人头疼的经历完结后，我在电子邮箱中立即就收到了测试的结果。此时，真正的乐趣才刚刚开始。

让这些信息在自己的生活中发挥作用

第一步，就是使用来自优势识别器评估中的信息确定你潜力最大的 5 个领域。它们是什么？你现在是如何利用它们的？

我建议你实际进行一次评估，但通过浏览 34 个主题列表，关注引起你共鸣的内容，同样能够带给你一些关于自己 5 大优势的思考。如果你想做得更为彻底，那么问问自己的朋友和家人，他们在你身上看到了什么样的才能。

结果到手后，下一步就是对自己的主题做到坦然接受。

我有 5 个主题，怎么办？

评估报告告诉了我的五大主题，按顺序，它们是：

1. 搜集；

2. 思维；

3. 智力；

4. 策略；

5. 前瞻。

这些主题的确让我感到惊讶。我预料到了会有搜集和思维，但为什么策略排在了清单的尾部？为什么没有移情？我隐约地回忆起，多年前我进行评估时，它就在我的名单上。我的直接反应就是再做一次测试，但最终我没有这样做，因为在官方资料中说第一次测试给出的是"最纯粹和最具启发性的结果"。我无法重新得到早已丢失的第一次测试结果，但我很确定优势识别器专家会拒绝我进行相隔 10 分钟的第二次测试，如果我说仅仅只是不喜欢这样的结果的话。

值得庆幸的是，当我对自己的结果深入研究时，我的答案显得有意义多了。一共 19 页的"优势洞察力和行动计划指南"对我 5 个主题中的每一个都进行了详细的解释。在我复查的时候，我向自己提出了一些建设性的问题：哪些词、短语或者句子对我而言是最重要的？在所有这些才能，哪些是我最想让人看到的？有一个评价结果正中我的下怀，它是关于"前瞻"部分的："你的视野让人们发现了新颖，奇妙的可能性。"

针对自己 5 种主题中的每一种，"优势洞察力和行动计划指南"都给出了 10 种"行动思路"。为了向你展示出其可能的样子，以下是我针对自己的搜索主题所强调的内容：

- 安排时间阅读能够鼓舞你的书籍和文章。
- 寻找每天负责获取信息的工作，比如教学、研究或新闻报道。
- 与拥有专注或坚持原则品质的人合作。在你的好奇心把你引向迷人但令人分心的路途之前，这个人会帮助你保持在正轨上。

这样做的意义在于让我容易看到自己在生活中是如何使用这些主题的。在思维上："安排阅读的时间，因为其他人的想法和经历会成为你新想法的原材料。"在智力上："花时间写作。写作可能是你明确和整合自己想法的最好方式。"在搜索上："找出你可以与其他人分享自己收集信息的情况。"这些都是针对我自身的情况。重要的事情说三遍：我，我，是我。

这样做真正目的是帮助自己决定下一步该做什么。

制订行动计划

优势识别器不是为了好玩才去识别我们的才能。重点是将这些才能发展成真正的优势，打造我们能够胜任的专属领域。单个的原始才能并不能成为优势；相反，我们的天生能力需要正确知识和技能的支持。知道了这个最终目标后，我们该如何前进呢？

"优势洞察力和行动计划指南"建议关注哪个行动条目向我们发声，并强调我们要采取最容易的行动。为此，我推荐在 StrengthsFinder 网站上可以找到的"创建行动计划（Create Action Plan）"。这个工具针对每个主题呈现给你 10 个行动想法，每个行动条目都包含一个靠近它的复选框。我点击了自己想优先处理的那些，每种洞察力我选择了 3 到 4 种，并将其打印成自己的个人计划，贴到了自己的电脑屏幕上。

我感谢让我关注建立自己才能的提醒。但我之前已经到过这儿，不是第一次经历这个过程了，之前有机会学习操作我的优势，所以现在让我们看看这些策略落实到行动中的例子。

发挥作用的优势

评估结果让我看到了在自己生活中发挥作用的优势。看到一系列自己可以做得非常棒的事情感觉很好。不仅如此，优势识别器也帮助我看到自己是如何与周围世界融为一体的。我的结果关注我的 5 大主题，这意味着我没有其余的 29 个。

但仅仅因为成就主题在我身上并不突出，就说我在生活中不需要这种才能是说不通的。这也是需要他人介入的地方。评估结果明确地建议我和有不同主题的人一起合作，对此我非常感激，这样就能完成我个人单独不能完成的事情。

从这个意义上来说，优势识别器肯定了许多我已经发现的东西。作为一个强大的思维 / 智力 / 搜索类型的人，我需要脚踏实地，注重细节的人来帮我平衡我自己，帮我将想法变成现实。这可能意味着一些简单的事情，需要雇佣会计、摄影师或者专业组织者来处理我生活中无法独自处理的事情。

从另外一个方向来说，我发现这份评估也是有用的。我将自己的评估结果告诉了一位朋友，她说："我希望你现在理解了为什么我不像你那样读那么多的书。"

"你想表达什么？"我问。

"有时候，我觉得自己就像你身边的一个懒鬼，你一个月可以读 10 本书，而我只读 1 本，还是在幸运的情况下。但是你的报告说阅读是建设自己才能的很好方法。是你的报告，不是我的。"

她抓到重点了。

将不同优势的人聚到一起

优势识别器能帮助我们理解在自己所处关系背后发挥作用的动力。一位朋友告诉我，她感到自己被邻居、一位当地的视觉艺术家越来越无视了。我的朋友当时正在开展一个大型的社区项目，并深入参与到了规划阶段。她的团队花了大量的时间来思考社区的本质，包括其可能带来的快乐和挑战。但她每次向邻居提到自己的工作，她邻居都说："我对这种事情不感兴趣。"

我的朋友觉得邻居之所以无视她，是因为对她这个人不感兴趣。但之后我朋友进行了优势识别器的评估，发现自己的前两个主题是智力和前瞻。通过她的"优势洞察力和行动计划指南"，在智力方面强的人"以他们的智力活动为特征。他们善于内省，欣赏知识的讨论"。在前瞻方面强的人"受到未来和可能是什么的鼓舞"。

我朋友察觉到了邻居对知识讨论没有兴趣。她的邻居是一名艺术家，喜欢活在当下，喜欢自己动手制作出有形的东西，而不是憧憬各种想法。知道这些之后，我朋友能够理解她的邻居，而不是继续认为她的不感兴趣是一种不悦。

让我们看一个更简单的例子。一个朋友发现了他妻子的一个主要主题是成就，他开始意识到为什么每天核查一下日程表对妻子是那么重要。现在朋友的妻子是一个在家的妈妈，而朋友则有一份费心费力的工作，但是他们仍旧共同努力，确保妻子每天都有时间做些自己的事情。当她发挥出自己的优势后，她对自己的生活感到了高兴和满足。

更多关于现在的你

在编写本章内容的时候，一位朋友到我家来喝咖啡，她发现了我咖啡桌上的《优势识别器2.0》。"这就是那本乐观过头的，告诉每个人他们多棒的书吗？"

"什么，难道你不想知道自己多棒吗？"

她顿了顿。"你知道，"她说，"我刚才只是在开玩笑，但你知道吗——我的确是这样想的。所有我听过的，所有我想过的，都是我做错了什么。"

很多性格框架——包括本书中提到的一部分——关注的都是困扰折磨我们的问题，以及我们如何逃离这些问题。优势识别器不是那样的。它更多关注的是什么造就了我们，我们为了改变应该做哪些正确的事，而不是我们现在是什么样子。

"没有付出就没有回报"并不适用于这里。不要为此难过，趁着在的时候享受它。

因为我们将要面对你的糟粕。

9

面对你的糟粕

——九型人格

我 31 岁了，决定去做一次咨询。

我给咨询师办公室打了电话，简要地解释了我进行咨询的原因。尽管回头看来，我实在想不到自己说的哪些东西可以称得上"简要"。我敢肯定，因为我心情实在很糟糕，因此一直都在语无伦次地闲扯。然后，我又满是歉意地竭力解释为什么要打电话，整个过程都像个白痴一样。我还在心里不断暗示自己，我的电话肯定不是她那天接到的最糟糕的电话。这样一来我能感觉好受一些，希望如此。

接线员接下来的话让我安下心来："我想你应该见见帕蒂。关于边界问题，她一直很擅长。"

我当时很吃惊。在我们的谈话中，我从来没有使用过"边界"这个词。我也从来没有把我的问题看作是边界问题。我究竟说了哪些话，让她认为我有边界问题？

那个电话只是漫长旅程的开端。我觉得这是一种委婉的说法。或许我应该把"痛苦"这个词放在这里，这样你就能更好地理解本章的内容。

多年以后，我彻底理解了那次谈话的全部内容。我明白了为什么接待员听到我的话后认为那是边界问题。我明白了自己必须做的事，以及我要这样做的原因。我明白了为什么接待员会让我去找帕蒂（你和我都知道这不是她的真名）。我明白了我自己是如何背着这个问题一路走来的以及如何偶尔地还在与这个问题抗争。好吧，不是偶尔，而是经常地，但不像之前那样经常了。

回想那个时候，我知道自己将会逐渐接受用九型人格（Ennea-gram）来理解自己，这个工具帮助我们打开自己灵魂中黑暗的部分。正如所有好的人格框架一样，九型人格培养了个人和精神成长所需要的自我意识和自我检讨。它强调了每种人格类型中消极特质的存在，这一点跟本书中的其他人格框架有很大的不同。探索我们显而易见的弱点和不断出现的绊脚石可能会非常让人沮丧，但请记住，随着我们向前迈进，这令人不舒服的第一步撞开的是通向积极改变的大门。

我花了很长的时间——一年甚至更多——才明白我的九型人格类型。我还记得它让我恍然大悟时的感觉。我们稍后会讨论这一点。现在，让我们谈谈九型人格的起源吧。

关于九型人格你需要知道什么

像其他人格框架一样，九型人格是一张地图，能够更好地帮助我们理解自己，理解对我们重要的人以及我们参与的团体。它的确切起源已无从考证，但其已经存在了很长的时间了。

根据理查德·罗尔（Richard Rohr）的说法，九型人格可以追溯到4世纪的基督教僧侣伊瓦格里乌斯·庞蒂克斯（Evagrius Ponticus）。他列举了9种妨碍人类接近上帝的恶习。它们是愤怒、骄傲、虚荣、悲伤、嫉妒、贪婪、暴食、欲望和懒惰。1200年后，教皇格雷戈里一世（Gregory I）将这9种恶习作为天主教会七宗罪的模板。九型人格在修道院中使用了数个世纪，并被拥有不同宗教信仰的人所使用着。

虽然九型人格的起源不清楚，但我们知道是伊万诺维奇·葛吉夫（Ivanovich Gurdjieff）将九型人格符号带入了现代世界，尽管他并没有进一步传授九型人格类型的内容。奥斯卡·伊察索（Oscar Ichazo）和劳狄亚·纳朗荷（Claudio Naranjo）

则是让九型人格类型在今天发扬光大的人。海伦·帕尔默（Helen Palmer）、唐·理查德·里索（Don Richard Riso）、拉斯·赫德森（Russ Hudson）、伊丽莎白·华盖利（Elizabeth Wagele）和理查德·罗尔都曾为这一理论做出过贡献。

九型人格由一个圆圈表示，圆圈内部九种类型相互关联。圆圈内部的九个点代表着以独特方式与世界互动的九种人格类型。将每一种类型想做是一副通过独特视角看世界的眼镜。这些眼镜有时给我们带来了清晰的视野，但有时也可能会以大大小小的方式扭曲我们看到的世界。

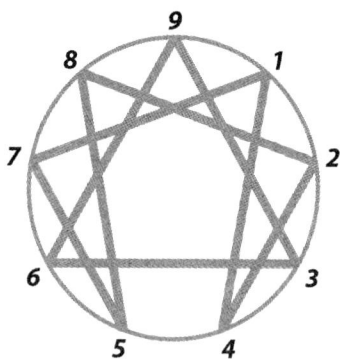

使用九型人格，让我们能够看到自己所带的眼镜，理解它们是如何影响我们看到的事物和回应世界的方式，而非仅仅通过它们体验世界，意识不到还有其他看世界的方式。九型人格

可能被误用，但当使用正确时，它便可以提高我们的自我意识，增强我们对于影响人际关系因素的理解。

很多人说迈尔斯－布里格类型指标擅长突出我们的优势，而九型人格则只是揭示了我们的弱点。这并不是完全正确的。当我向我的朋友同样也是九型人格爱好者的利询问这一说法时，她纠正了我。九型人格准确指出的不是我们的弱点而是动机——驱使我们做一切事的动机。这些动机可能已经成了我们的一部分，甚至我们都不会想到他们，或者察觉它们正在推动着我们的行为。这是为什么在九型人格方面很难给他人归类的原因。九型人格的类型划分不是基于外部特征，而是内部的潜在动机。外部特征只是部分暴露在外的内心世界。

我们的动机很少是纯粹的。一些从业人员如罗尔，甚至称我们身上持续不断的驱动力是"根源性罪恶（root sins）"。九型人格以一种不留情面的方式，关注着我们的动机、核心抗争和致命缺陷中的破碎感。它以具体可预测的方式展示了我们是怎样做出出格行为的。

发现核心弱点不会让我们感到一塌糊涂，也不应该这样。创立九型人格不是要将我们锁入特定的行为模式中，而是要准确描述出这些行为，让我们从其中解脱出来。任何给行为模式命名的做法都是使其失去力量的第一步。为此，九型人格一直被称为是消极系统。它让我们内心不好的东西暴露出来——那些我们不愿意考虑或者假装其不存在的东西。

九型人格首先通过展示我们正在处理什么样的糟粕来帮助我们正确面对它们。揭露我们宁愿隐瞒的东西根本毫无乐趣可言，但最好还是将其揭露出来——尽管这很痛苦。那就把它看成治疗前的诊断吧!

如果你曾经和作家们一起出去玩，你肯定听到过他们在某些时候说自己讨厌正在写的东西，喜欢已经写成的东西。（如果你认识一位宣称享受这个过程的作家，请告诉他还是留着自己的想法吧。）写作过程充满困难、杂乱和痛苦，很少有作家喜欢这个过程，但写完之后就完全是另外一回事了。同样，经历九型人格（Enneagramming）是一件残酷的事，但经历完九型人格（Enneagrammed）会感觉非常棒。（我刚刚使用的算不上是真正的动词，但是你明白了我话，对吗？）

一旦我们准备经历九型人格（动词），第一步就是决定自己与九型人格中的哪一种最有联系。

九种核心类型

每种九型人格类型都有其基本的恐惧、欲望、动机和核心需求。而这四项，任何一个都没有问题；问题在于我们试图回避恐惧、追逐欲望、践行动机和满足需求的不健康方式。

看到九种类型中每一种类型在自己身上都有一点点体现是很正常的。根据九型人格理论，我们都有一个不会改变的核心类型。然而，每种类型的情绪健康都有一个范围：一个人在情绪上有健康、平均、不健康的水平差异。这些水平是波动变化的。我们每天的情绪健康水平会发生或上或下的变动。有时候我们的情绪处于平均水平，有时候处于健康水平，有时候则会下降到不那么健康的水平。我们当前的水平取决于自我意识以及个人成长的进步。因此，要注意"平均"不是"健康"。就假装自己回到了上学的时候，"平均"听起来没那么糟，但你愿意带个"C"回家吗？可能不会。为了实现情绪健康，我们中的大多数人都有许多事要做。

根据作者和资源的不同，这些类型的命名也各不相同。下面我使用的标签来自于唐·理查德·里索和拉斯·赫德森，即九型人格研究所（Enneagram Institute）的创始人和《九型人格的智慧》（*The Wisdom of the Enneagram*）的作者。

下面是针对每一种类型的简要描述：

一、改革型（需要完美）。第一类人对自己和他人有很高的标准，有强烈的是非感。健康的这类人认真负责、眼光敏锐并努力以适当的方式做得更好。可一旦这类人脱离正轨，他们很可能变得挑剔、易怒和僵化，压制自己的愤怒直至爆发。这类人会自然而然地通过将事情做得完美来收获爱。

二、帮助型（需要被需要）。第二类人很有爱心，乐于助人，倾向于通过变得不可或缺来收获爱。女性很容易将自己误认为是第二种类型的人，因为她们就是通过这种方式来参与社交的。幼儿的母亲很容易犯这种错误，因为在她们生命中的这个阶段帮助自己的孩子占据着她们生命中的很大一部分。不健康的第二种类型的人会压制自己倾向他人需要的需求，但在他们的最佳状态下，第二种类型的人乐意适当地关心他人并无条件地爱他们。

三、成就型（需要成功）。第三种类型的人总是雄心勃勃，面向成功，总是将精力用于完成任务。他们富有竞争和形象意识。不健康的第三种类型会在强烈寻求认可的驱使下，将这些品质推到极限。健康的第三种类型的人会努力表现良好，而不将他们的自我形象与结果相关联。第三种类型的人会自然而然地通过成功获得爱。

四、个性型（需要特别）。第四种类型的人关注的是自己生活中缺少的东西或者他们错失的东西，而不是此刻他们拥有的东西。在状态最好的时候，第四种类型的人具有理想主义情怀和移情能力，并且极富创造力，但当处于不健康的水平时，他们会滑向自怜和消沉的边缘，无法停止对自己感到缺失东西的渴望。

五、调查型（需要理解）。比起其他所有的类型，第五种类型的人更像活在自己的脑中，他们可以在那里储存知识，以便在面对任何挑战时都能胜任。他们是出色的分析师和脑力劳动者，受到独立自足愿望的驱使。在最好的情况下，他们是观察敏锐、思想开放的远见者，是似乎能注意到一切，理解一切，知道如何应对的杰出先驱。当处于不健康的状态时，他们会树立起围墙，将自己与他人完全地隔离开，淹没在不足感之中。

六、忠诚型（需要安全）。据罗尔称，人口中的大多数人都可能属于第六种类型。因为他们倾向于把世界视为一个满是危险，不可预测的地方，他们强烈关注可能会出错的地方，所以这些谨慎类型的人对安全的渴望程度十分之高。在最好的情况下，第六种类型的人明辨是非、忠实可靠、值得信任。但不健康的第六种类型的人会太过关注任何情况中的消极因素，并过度地怀疑自己。

七、热情型（需要逃避痛苦）。对于生命中的好东西，第七种类型的人都是暴食者，不管这些好东西是有趣的想法，还是令人兴奋的体验。他们想充分地体验生活，会积极投入到自己所做的一切中。这也是为什么这个类型的人有时候会被称为热情者。健康的第七类型的人会将其作为一种积极的潮流，但不健康的人寻求这些体验只是来麻痹自己的痛苦，或者将他们的注意力从生活中不愉快的方面转移开来。

八、挑战型（需要反对）。第八种类型是力量强大，占据主导地位的人，从不害怕维护自己的主张。而真正让他们害怕的是能力不足或者无能为力，因为这样他们就会处于别人的掌控之下。健康的第八种类型的人是高效的十字军般的人物，信仰是他们的动力，但如果对其不加限制，这种潜质会让他们变得挑衅好斗，渴求权力。

九、和平型（需要避免）。第九种类型的人致力于维护内部和外部的和谐。在最好的时候，第九种类型的人是真正的和平主义者，但不健康的第九种类型的人更愿意忽略而不是处理冲突。第九种类型的人会自动地通过混淆——用他人的需要和优先考虑的事替换掉自己的——的方式来获取爱，而不是相信他们会因为自己的本性而被接受和欣赏。

这章算是对九型人格的一个简要介绍。如果你进一步探索这个框架，你会了解到更多更深层次的内容。你一定会对自己和他人的性格有更深刻的理解。如果你想进一步了解，请参考其他的推荐资源。

一个更好的你

成长是需要一步步实现的，但却是一个实实在在的过程。精神的形成并非像某些人说的那样狡猾地难以辨认。第一步就是打破对自我的禁锢，看到那些我们或有意或无意隐藏的东西，将其从暗处拖到光亮中来。这是自我发现的过程，也是自我意识的过程。

九型人格的目标是摆脱一些"讨厌"的东西，这样我们就能变得更像本来的自己，更接近我们真实的身份和目的。了解了九型人格之后，我们对人格的理解可能会提高一个层次。像是触及到了人格面具背后的东西，了解到了激发我们行为的动机，很多问题似乎能够突然间想明白。它提供的框架，也能让我们检验变化究竟是只发生在表层，还是在行为习惯中变得根深蒂固。不过，九型人格并不能揭示我们的全部性格信息，只能展现自我的某一方面。虽然这不能洞察全部的真相，但即便是让我们窥见了一部分真实的自我，我们还是能够得到改变的力量。

虽然我们的类型不会发生变化，九型人格仍能帮助我们与自己的人格共同努力，成为更好的自己，达到自己类型中更高的健康水平。九型人格帮我们想象更好的自我可能是什么样子，并帮我们找到去那里的方式。它还强调了一个人的成长不会以任何方式"中和"其人格。同之前一样，成长的目标是变得更加接近真实的自我，而不是受到某种担心和害怕的阻碍。个人成长使我们摆脱了不健康的反应行为，让我们变得更加完整、更加注重现实、更有动力、更有目标感。

九型人格既微妙又复杂，但你只需要理解一些基本的概念就可以开始使用它。在使用的过程中，你对于九型人格的了解也将大大地增加。通过以系统和自己为实验目标，了解自己的类型在日常生活中出现的样子——不管是独自一人还是与他人合作，你都可以对九型人格进行学习。

唯一的要求是，你必须从自己现在的位置出发，必须对自己保持绝对的诚实。

让这些信息都在你的生活中发挥作用

要想了解九型人格，就意味着你要搞清楚自己的类型。有些人能够立即确定他们的类型；而对于另外一些人来说，这远非是一个简单的过程。（我属于后者，稍后会详细介绍。）

当然，有些测试和调查可以在网上免费获取。备受推崇的九型人格研究所出版了一份简短的免费的评估和一份较长的付费评估。我最喜欢的自我测试来自大卫·丹尼尔（David Daniels）和维吉尼亚·普莱斯（Virginia Price）的《九型人格要点》（*The Essential Enneagram*），其能给出你一个简短的段落描述，包含每一种类型的简要说明。你可以选择自己最为认同的 3 种，然后从这里开始。

这些评估是很好的起点，但如果出现了自己的认知和资料相冲突的情况，我还是建议你收集一下相关资料，依靠它来决定自己的类型。你可以坐在一把舒适的椅子上，因为这可能会花点时间。在你审查类型文件时，注意什么能够引起你的共鸣。问问自己哪些描述对你来说是最匹配的。没有一种描述能够完全符合你的人格，但肯定总有一种，要比其他的更为适合。

在花了一些时间思考之后——这可能意味着半小时到一年

甚至更长的时间——你绝对能够找出最适合你自己的类型。

包括我在内的有些人，推荐你在二十八九岁乃至是三十岁的时候再进行九型人格测试。因为你的人格、个性和对待生活的方式，在你正式地踏上这个旅程之前，应该经过了充分地发展。当然，这不意味着你在年轻的时候不能做这样的测试，毕竟每个阶段可能会有不一样的特点。对于更多的九型人格和儿童内容，特别是关于养育的内容，我推荐伊丽莎白·华盖利的《九型人格亲自教养》（*The Enneagram of Parenting*）。

首先，你会很痛苦

使用九型人格测试的经验法则是这样的：当你与讨厌的东西产生共鸣时，你知道你已经抓住了自己的类型。如果你读过自己九型人格的描述，感到被曝光了，好像自己在做非常令人尴尬的事时被逮到了，那就说明你正确地将自己归类了。

多年前，威尔和我举办了一个他们家人参加的聚会。威尔和我当时刚买了一座房子，他让他的家人们——所有的人都不住同一城镇——前来参观。为了这次实地考察，所有人都驱车前来。我待在老房子里准备餐饭。（作为一个内向者，我喜欢我丈夫的家人，但是也不介意花点时间来独处。）

我自己在房子里时，会打开 U2 的最新专辑，开始煮菜，切生菜沙拉，将玻璃杯装满冰块。我会在干活的时候唱歌，因为这样干起活来会更好。突然，我意识到自己的水杯落在了刚才去过的客厅。当我冲到那儿的时候，却发现我的姐夫正坐在沙发上，看着我傻笑。他一直在那儿。我有提到过自己不是一个好的歌手吗？我很感谢我的幸运星，那个下午我是拿着尖刀和玻璃杯的，要不肯定被他当作我正在跳舞。这件事发生在15 年前；但我却花了 10 年的时间，让自己再想起这件事的时候不会脸红。那种感觉就跟发现你自己九型人格是什么样子时非常相像。暴露在外，十分尴尬。

正如理查德·罗尔非常喜欢的那个说法，真相会带给你自由，但它首先会让你很痛苦。而且，啊哈，面对我的类型肯定让我感到了痛苦。

我的类型确定过程看起来是什么样的

最初激起我对于九型人格的兴趣是我的朋友利。她发给我一些链接，推荐了一些书，我就从那时开始探索九型人格。第一次读到九型人格的相关资料时，我怀疑自己是一个第九型的人：和事佬，治愈者，调解者，空想家。但我不是很确定。这个类型受规避需求的驱动。他们害怕冲突，不善于表达自己的需求，并且对错误很敏感。这听起来像我……大部分像我吧。

在接下来的几个月，我会偶尔地再次翻看那些资料。我又仔细阅读了那种猜想——对于我来说就是类型一、五、七和九——尝试着一劳永逸地决定哪种类型最适合我。我做不到。但是我仍继续关注着。

我在九型人格上的难以抉择，在我不得不做出决定的那一天结束了，就其本质而言，包含了让很多人失望的因素。你现在很可能正在想象一项漫长而艰难的决定，但是我向你保证，绝大多数人不会认为这是件大事。很多人每天做出类似于雇佣和解雇的决定——有着明确的赢家和输家。重要的是，我对自己造成的失望彻底地崩溃了。我对此很懊恼。我不断地从家走出来，在周围的林荫小路上踱步，因为我总是忍不住想起那些我让其失望的人。

在类似的情形下，我经历过这些情绪。但这次有些不同。由于在九型人格方面一些相对较新的知识，我意识到虽然自己的反应有些极端，但是对于一名第九类型的人来说，这是非常正常的。在那一刻，我确定了自己的人格类型，非常确定。通过九型人格的框架，我认为一直在驱动自己行为的是：对分离的恐惧，对平和思想的渴望，不计一切代价避免冲突的动机，以及和谐的需要。当然，我认为自己是一名第九类型的人。除了第九类型，还有谁会在这样的压力下做出这样的反应？

这不是一种令人愉快的察觉意识。它没有让我感觉到爱和特别，而是自己处于绝望的境地。

即使感觉很糟糕，但我发现知道由于自己的类型自己会在这个时候感到很糟糕这一点，仍然有极大的助益。我的那种感觉是完全正常的——对于我的九型人格类型来说。我天生如此。察觉到这一点让我立马感觉好点了。没有被自己感到精疲力竭，处于沮丧边缘的原因所吓倒，我承认了将要发生的事情和原因。冲突让我发疯。让人失望使我丧失理性。我的反应很极端，但我知道它会消失的。我没有做错任何事；这些事只是对我来说有点困难而已。我的自我意识解放了我，让我专注于以一种健康的方式前行（散步，呼吸，保持沉默），而不是沉溺在我是否失去了对自己所处境地控制的迷思中。

情况的变化因人而异，但是我的经验突出了重要的一点。常常是显眼的弱点确定了我们的类型。

理解你的类型

自从第一次了解自己的类型以来，我一直有很多机会来观察其在实际中的表现，不管是过去还是现在。

让我们简要地回顾一下第九类型的描述。

第九类型的人致力于维护内部和外部的和谐。在最好的时候，第九种类型的人是真正的和平主义者，但是不健康的第九种类型的人更愿意忽略而不是处理冲突。第九种类型的人会自动地通过混淆——用他人的需要和优先考虑的事替换掉自己的——的方式来获取爱，而不是相信他们会因为自己的本性而被接受和欣赏。

在了解自己的九型人格类型前，我知道冲突会让我感到不适。我知道自己能让人们感到安心。但是我没有意识到自己可能会混淆自己与他人，会将他人的优先事项放在自己的前面。

我现在觉得这很荒谬，但是来自我生活中的例子比比皆是，而且很久之前就是这样了。就像我上大学的那会儿，宿舍里有位朋友帮我检查我为政府课写的一篇关于发展中国家的论文。他将初稿返给我，并附上了他的注释，称我论文中的一个国家的运行模式像死亡之星（Death Star），另外一个像千年隼号（Millennium Falcon）。他给了所有可以让我的论文变成一篇《星球大战》（*Star Wars*）分析的注释，让我相信这会对我的论文所有提升，让其足够让人惊叹。尽管我对任何关于《星球大战》的东西都不感兴趣（除了在8岁万圣节的时候，我穿过莉亚公主的衣服，因为真的是很酷），我——而且我很讨厌承认这一点，因为这比别人突然看到我正在跳碧昂丝的舞时还要糟——采纳了他的编辑。我竟然采纳了他的编辑。我当时是一个好学生，本可以坚持自己的立场，但还是将他人的兴趣和优先项放在了自己的之前。这是第九类型的人的典型做法。我也因此得到了自己学术生涯中的最差成绩。（我现在羞愧地都要躲进柜子里去了。）

在我初为人母的时候，朋友们赞同我对新父母密切关注的事情做出的选择是非常重要的。吃饭和睡觉都是大事，但是我想事事都放心。我愿意并渴望（我现在感到很难堪，记得当时的感觉是多么的真实）对他人的愿望、观点和优先事项做出反应，并予以采纳。典型的第九类型的人。

如果说健康的边界对你来说总是很明确，那真的是太好了。对于我来说，健康的边界在今天是可能的，因为在过去已有过很多艰苦的努力和实践。这些年来，我在这方面已经变得好多了，但的确曾经过一段艰苦的努力。即使现在我仍然需要保持警惕，这样我就不会忘记我结束的地方和他人开始的地方。

我不喜欢认识到自己在这样做，但这种做法让我有可能减弱这种行为。多年来，我一直像个咬指甲的人，被自己涂有恶臭抛光剂的指甲打败了，进而帮自己戒掉了咬指甲的习惯。因为每次开始咬指甲的时候，那个糟糕的味道就会尖叫起来，"停，你又开始这样做了！"涂上抛光剂，这样就可以在陷入咬指甲的坏习惯时提醒自己。

九型人格的工作原理跟恶心的抛光剂很像——它帮助我们对抗坏习惯。我们可以学习在实践中运用。它在我们掉入熟悉的不健康模式时帮助我们意识到问题的存在，这样我们就能学着成为更好的自己。

那提升之路是什么样子的呢？对于每一种类型的人来说其都是独一无二的，但都是以觉醒为开端的。

对于你的类型的正确问题

我们所有人都会以可预见的方式出错。因为我作为一个第九类型的人懒于确定自己的界限，所以我的目标就是注意自己与他人"融合"的不良倾向。在过去的几年中，我通过遵循适合我类型的流程，能够更加靠近范围中"健康"的那一侧。在我特别地优柔寡断（对我来说是一种警示）时或者受到他人优先事项牵制的时候，我已经养成了提起注意的习惯或者在实施自己的（通常是被误导的）冲动之前先暂停一下。首先，我会问自己在行动之前想要的是什么。（哎呀，这最初感觉奇怪。）现在在回应别人的意愿之前，我会先等一等。我也有意地设定了我自己的优先事项。我搞砸了很多事情，但我至少知道了我应该做什么。

在你看来，我的行为可能很疯狂，这是因为这些事情对你来说很容易。我在成长过程中一直在问自己关于界限的问题，你在成长过程中间的是这个时期自己内心重要的声音有多大；或者，最近你对生活中缺少的东西感到有多失望；或者，你是否通过关注新的，光鲜的事物来逃避潜在的痛苦。这些是适合不同九型人格类型的不同问题；它们是用来探查你外表之下的内在情况的。

对于我们任何人来说——这些自我保健的步骤并不都是那么容易。但是比起不知道，我更愿意知道能为自己做什么——即使很难，即使这让我感到有点悲伤。

适合你的提升之路

变化是如何发生的？我个人发现有两种模式特别有用。

最近，我成了达拉斯·威拉德(Dallas Willard)的忠实粉丝。他的作品影响了我个人和精神成长的旅程。在他的书《心灵的修复》（*Renovation of the Heart*）中，威拉德设计了一种他称之为"VIM 模式"的精神成长模式，并以三个步骤命名的：眼光（Vision）、意图（Intention）和方法（Methods）。如果你是威拉德的粉丝，或者想要以一种清晰明白的基督教方式实现个人的成长、心灵的塑造，我强烈建议你研究这种模式。它适合跟九型人格一起使用（尽管我没有发现任何证据表明威拉德自己这么做了）。

第二种模式来自大卫·丹尼尔和维吉尼亚·普莱斯的书《九型人格要点》。他们将自己的模式称之为 4As 模式，以使我们生活发生持久变化所需要做的四件事命名：意识（awareness）、接受（acceptance）、行动（action）和严守（adherence）。因为 4As 是专门为九型人格一起开发的，所以这就是我们将要在这里关注的模式。

4As 成长模式

步骤 1：意识

个人完整路上步骤 1 就是找到我们正在处理的事情，而九型人格则擅长提供这种意识。在我们学会注意自己的行为模式之前，我都无力改变它们。

很多人害怕这种内省的"苦思冥想"是自恋或放纵，但我不是这么看的！如果我们真想看到个人和精神成长，这是残酷且必要的工作。

具有讽刺意味的是，学会清楚地看待自己会帮助我们忘掉自己，这样我们可以关注重要的事而不是持续地让自己绊倒自己。再次，任何类型的成长都要求我们首先诚实地面对自己。正念不是说寻找我们想看的东西；而是看其真正的是什么。

步骤 2：接受

4As 的下一步就是接受。如果我们想要改变，我们必须做到对自己毫不保留地诚实。接受意味着承认我们就是我们。这并不意味着坏的事情。真正的接受意味着看到整个自己：好的的部分和丑陋的部分。我们每个人都是一个整体。

根据里索和赫德森的说法，在变革之前，我们必须相信我们值得为认识真正的自己而努力。做好接受这一步，在我们承认自己的好与（尤其是）坏时，表现出自己的同情心。这意味着接受我们内心所发现的东西，同时待自己以温柔和耐心。（在这一步骤中，你不是唯一一个需要同情、温柔和耐心的人。）

这一步看起来似乎非常明显：是的，不要自责。但记得那些年前，我回到咨询的时候吗？一周又一周，我对自己非常苛刻。我的治疗师帕蒂被惹恼了，最后打电话给我，给了我一个心理技巧，从那之后帮助了我许多。我当时正在跟她谈一些在我 16 岁时发生的事情，所以她问我是否认识什么 16 岁的女孩。

我的确认识。之后，她要求我想象一个自己所认识的有过相同经历的 16 岁女孩。这让我感觉如何？我立即意识到，没有任何 16 岁的人应该处理这些玩意儿。那时我的心对 16 岁的自己充满同情。培养对自己的同情并不总是那么容易——不幸的是，即使作为一个成年人，我仍然遇到过许多不是很好的情况——但许多像这类的心理技巧往往会有所帮助。

接受并不意味着同意或宽恕每一种行为——不管是我们自己的还是其他的人。但当我们看到了真正发生的事情时，我们就有权采取行动改变它。

步骤 3：行动

步骤 3 是行动，但有关九型人格发展过程的有趣之处在于，如果我正在观察你设法完成这一步，我甚至可能意识不到发生了什么事情。

这一步实际上更像一个序列。首先，要避免不健康的本能反应，我们必须中止它。之后，我们必须问自己究竟发生了什么。目标就是确定当下发生了什么——是什么在驱使着我们行动。在这个阶段，我们尝试着注意自己的自然反应，弄清楚我们以那种方式进行回应的原因，不管我们回应的方式是愤怒、恐惧、悲伤、流泪还是其他。我们想探究表面之下的东西，发现驱使我们行动的思想和动机。

这个行动序列中的第三步是有意识地前进，而不是出于坏习惯或者本能反应。最终，我们要让自己的行动来自于一个健康的地方，但这将伴随着实践、时间和严守。

步骤 4：严守

4As 成长过程的最后一步就是严守，简单地说，就是坚持下去。严守意味着将 4As 一遍一遍地练习，直至我们开始用健康的反应替换掉我们老旧、不健康的习惯反应。这跟增肌过程很像。我们练习得越多，就越容易获得。

有些人会自然而然地采用一种无意识方法来检验他们的类型，将这个过程称之为一件不同的事情，比如自我反省的精神原则。不管我们叫它什么，这都是一个只要坚持和践行原则就能得到回报的领域。

这个过程可以变得更容易，但永远都不会变得毫不费力，没有人能在这一点上做得完美，但随着时间的推移，你会变得更好。

只是个工具，但是有用的工具

九型人格只是个工具，但其在发现我们是谁和理解周围人的奥秘时仍然是有用的。正如里索和赫德森所指出的那样，"人只有在某个特定的时刻才能被理解，除此之外，他们仍然神秘，难以预测。因此虽然人作为个体不可能有简单的解释，但仍然能得到一些关于他们的真实内容。"保罗在"以弗所书"第5章第13节中写道："凡事受了责备，就被光显明出来，因为一切能显明的就是光。"深入我们最黑暗的部分让人很不舒服，但这是我们将这些部分带入光明中的方法。

10

你的人格不是你的命运
——人类能改变多少？

在我还是个孩子的时候，有一天下午在家门口摔了一跤，心烦意乱。当时在学校发生了一些事情。或许，一个孩子在巴士上打了另外一个孩子，或者是所有人知道其作弊的同学最终被抓住了。我不记得那天发生过什么事情，但我妈妈会很高兴听到我告诉她的事情。

就像母亲们经常那样做，我妈妈以一种警告的方式给了我鼓励。"注意你的行为方式。"她说，"因为随着年龄的增长，人们的变化不会发生那么大。"

我妈妈一辈子大部分时间都住在同一个小镇里。在去工作、去教堂和去百货商店时，她很容易碰到自己12岁时代为照料过但现已长大成人的孩子，或者那个16岁时数学课上坐在自己后面的人。她每个月还会和大学的朋友见面。根据她的经验，大多数人在许多年里都保持着固定不变的样子。金融广告警告我们，过去的表现不会指示未来的结果，但是那个在四年级数学考试作弊的同学不会是我妈妈想要在几十年后帮她处理税务问题的人。

但是。

几年前，我在农贸市场碰到了一个和我上过同一所高中的女生。我已经有十多年没有见过她了。当时她、她的丈夫和新出生的孩子，刚从繁忙的儿科实践中抽身出来享受着悠闲的周末，尽管她在市中心的免费医疗诊所花了大量的时间做志愿服务。高中年鉴在我处理最高级的事情时并不是非常重要，但我从来没有预料到她有成为一名儿科医生的能力，或者其他的专业能力。或者她会是那种在周六黎明前就起来前往农贸市场的人。我无法告诉你她具体是个什么样子的人，但我很确定她过去不是这样的人。在高中的时候，她没有参加过任何大学直通车课程。尤其是，在经历过一次令人兴奋的春假旅行之后，她几乎被赶出了学校。我最后一次想到她是在大三的时候，她假扮我用一个晚上的时间给男孩子们打电话。她的面目被识破是因为其中一个男孩的家里有一种叫作"来电显示"的新服务。我没有想到她会上大学，更不用说成为社区支柱般的存在了。

我妈妈是对的：在很多方面，人们不会随着时间发生太大的改变。但我高中熟人的改变也不是孤立的事件。那到底是怎么回事呢？

在本章中，我们会探索哪些是我们不怎么能改变的，哪些是可以做出很多改变的——以及如果我们想要这种改变，我们应该如何让其发生。

人格改变与行为改变

在本书中，我们已经看到一些人格框架，这些框架从不同方面捕捉到了我们或多或少的内在特征，即那些即便我们想也非常难以改变的东西。尽管时间会变化，我们的 MBTI 和九型人格类型预计还都会保持稳定。我们爱的语言和在优势识别器评估中确定的优势同样如此。高度敏感的孩子会变成高度敏感的成人。随着时间的推移，这些事情会发生些许改变，但程度不会太大。它们是我们的一部分，就如同我们的身高和鞋码一样。这些对比都是比较合适的，因为即使这些事情在适当的环境下发生改变，比如衰老或者怀孕，也不会有太大的变化。

虽然我们的人格标志不会发生戏剧性的变化，但也不是静止不动的。研究可以对我们将如何随着时间变化而变化进行预测。在变得更加成熟和更富有生活经验后，我们中大部分人会尽心尽责，善解人意——即便没有任何有意识的努力。很多研究已经证明，大多数成年人会随着年龄的增长变得更加愉快和具有情绪弹性。随着年龄的增长，人们也一般会变得更加内向。这些人格变化是递增的和渐进的。

　　然而，这不意味着我们不会发生很大的改变。毕竟，我们的人格只是造就我们自身的原因之一。我们的人格可能会抵制变化，但我们的行动明显更易受影响。理解我们的人格使我们更容易在掌控范围内改变事物。这是研究各种人格框架的重点！有些人抵制人格框架，因为他们说这样的框架会限制他们。我自己的发现是，理解我的人格有助于我从遭受到的限制中脱离出来。当我理解了自己，我就可以走出属于自己的路。

改变的基础

我们如何看待自己

　　"我是那种 _____ 的人"中的空格上不管填什么，都是一个有力的说法。我们的身份随着人生进步而发展。有时，这种情况的发生甚至都不会被注意到。有时我们会有意识地用新的方式看待自己。想想那些新的基督徒，他们将自己信仰的改变描述为以基督之名接受一个新身份。或者想想那些新生儿母亲，她们的身份随着宝宝的诞生发生了深远的变化。

你是如何看待自己的？你在本质上是谁？我们对于这些问题的答案深刻地改变了我们的想法和行动。

心理学家斯科特·巴里·考夫曼（Scott Barry Kaufman）指出，当我们的身份改变时，对关键人格特征的打分甚至也会受到影响。改变虽不是彻底的，但确实影响了评分。他写道："随着一些人对工作的投入越来越多，他们往往变得更加认真负责；同样，当有人在长期关系中越来越投入的时候，他们在情绪上会更加稳定，自尊心也会更强。"如果我们想要在生活中实施成功的改变，我们如何看待自己就很重要。"我是这种 _____ 的人"你会怎么来填这个空呢？

我们如何看待世界

我们的改变潜力很大程度上取决于我们是否相信自己可以改变。换句话说，如果我们想获得个人的成长和改变，必须成为那种相信我们能够改变的人。几十年来，心理学家卡罗尔·德韦克（Carol Dweck）一直在研究其所称为的"心理定向（mindset）"，一种在很大程度上指导着我们生活的简单信念。

正如她看到的那样，人们一直有两种方式来处理生活。有些人相信我们的特点是刻在石头上的：我们只能在有限的范围内发挥。这些人相信每个人的技能、品质和智力都是与生俱来的，是不可改变的。死亡之期已经确定；我们的能力是静止不变的。德威克将这种称之为"固定型心理定向（fixed mindset）。"

如果你是那样的，那么你手中的名片就决定了你的命运。另外一些人则相信，我们所能发挥的范围只是一个起点。他们相信人们可以随着时间的改变而发生改变，可以通过有意识的努力和参与提升自身的技巧、才干和能力。德威克称之为"成长型的心理定向（growth mindset）"。如果你是这种类型，那么你的名片只是一个起点。

我们的心理定向会对自己的生活方式产生深刻的影响，而且——不像本书中的框架——当涉及心理定向的时候，存在一种选择要比另外一种更好的可比性。事实上，我的朋友佩吉最近和她男朋友分手了——她曾经认为他就是自己命中注定的那个人——因为他们的心理定向不同。尽管佩吉从来没有听说过卡罗尔·德威克，她对分手的描述完全可以在德威克的书《心理定向》中找到。

如果你是固定型的心理定向，你可能会发现自己聪明，或者不聪明；可能有趣，或者无趣。不管哪一种，你都不会认为自己一个能够改变的人。当你遇到某个人并坠入爱河时，这种关系要么好，要么不好，不会发生变化。你相信如果某个东西不能轻而易举地得到——一份工作、一种技能、一段恋爱关系——你就该放手。

佩吉的男朋友就是一个固定型心理定向的人，而佩吉自己则是一个成长型心理定向的人。和一个不相信自己可以改变的人在一起，佩吉看不到未来。或者她可以想得很好，却发现这个想法只会让她不悦。这项研究支持了佩吉的做法。任何亲密关系专家都承认，致力于长期的关系需要大量的努力，即使最好的关系也不是轻易得来的。一个成长型的心理定向让我们能够做出诚实的评估，然后为此采取某些行动。

婚姻专家约翰·戈特曼（John Gottman）说，情感上聪明的夫妇知道，负面的东西存在于生命中所有的关系之中。事实上，他相信多数婚姻争执是无解的，因为"大多数分歧来源于生活方式、人格或者价值观方面的根本差异"。戈特曼相信，通过调解而非修补我们的不同，我们可以在自身的关系中实现成长。一个成长型的心理定向会使之成为可能。

还记得在第五章养育子女中提到的"适合度"吗？一个固定型的心理定向说我们得到了我们应该得到的东西。我们希望获得最好的结果，能够在有限的范围内发挥作用。但是一个成长型的心理定向会说，适合度并不是被赐予的；而是由我们创造的。你想在自己的父母、伴侣或者兄弟姐妹身上看到哪一种心理定向呢？

在很大程度上，心理定向决定了我们友谊的质量。当我们不觉得自己需要证明自己有价值时——不管对于我们自己还是其他人——我们能够自由地欣赏他人本来的样子。我们不需要贬低他们或与他们竞争，才能让自己感觉好一点。我们可以相互鼓励，一同成长——以适合我们自己，也适合他们的方式。

我们如何塑造自己的生活

1943 年，温斯顿·丘吉尔（Winston Churchill）说了那句著名的话"我们塑造了建筑，建筑亦塑造了我们"。他是在英国议会下院发表讲话时说的这句话。塑造建筑代表着——而且之后影响到——国家政府的形状。同样说法也可以是我们的生活。我们根据意愿构建自己的生活；我们设定了自己的计划并按照相应的节奏前进，选择朋友、配偶和事业，进入家庭、城市和社区。我们塑造了自己的生活——之后生活也塑造着我们。

格雷琴·鲁宾（Gretchen Rubin）在她的书《比从前更好》（*Better Than Before*）中深入研究了习惯，她将之称为"日常生活中的隐形建筑"。在这本书中，鲁宾将四种习惯定义为"基础习惯"。它们是睡眠、运动、合理饮食、整理。这四种习惯对于我们幸福的影响并不均衡，会直接强化我们的自我控制。因此，改变它们更容易实现我们想要的任何改变。

励志演说家吉米·罗恩（Jim Rohn）曾登上新闻的头条，因为他声称我们会变得与自己一起花费时间最多的 5 个人相像。我们选择朋友和同伴，而他们也会影响我们。当我们寻找那些心地善良、认真负责和善解人意的人时——顺便说一句，这是预测人生和婚姻成功的关键因素——我们自己也变得更加心地善良、认真负责和善解人意。

反过来也同样如此。这一点被简·奥斯汀小说《爱玛》中的爱玛·伍德豪斯优雅地观察到了。埃尔顿先生是一名英俊潇洒而又雄心勃勃的年轻牧师，在自己很小的时候就变得非常有魅力。在和一名富有但是虚荣的女人结婚后，埃尔顿先生变了——不是更好的变化。爱玛尖锐地指出："他总是一个小男人，现在被他的妻子变得更小了！"这句话引发了读者会意地一笑——这很有趣，因为它道出了实情。

在她的书《全神贯注》（*Rapt*）中，威妮弗雷德·加拉格尔（Winifred Gallagher）讲述了这样的一个故事，是关于自己如何在癌症诊断上学到了心理定向的重要意义。加拉格尔觉得自己可以花上几个月的时间——有可能是几年——在她的癌症治疗上，关注令人沮丧的诊断，或者换一种思路，有意识地将自己的注意力转移到生活中更快乐的事情上。她惊讶地发现，当她有意地关注好东西时，在大部分时间里她是真的很开心。她相信只要在精神上保持警惕，自己就能过上开心的生活。她写道："要像对待自己的私人花园一样对待你的想法，并尽可能小心呵护你所引入的东西，让它在那里成长。"

我们不断升级我们对大脑的影响。我们看到的，我们渴望的——在很大程度上，正是我们想要成为的。我们采取的基本习惯，我们与之共处的人，我们所思考的想法——这些都会极大地影响我们是什么样的人，我们会成为的人以及我们改变的方式和程度。

可导致变化的洞察力

雷茵霍尔德·尼布尔（Reinhold Niebuhr）非常著名的宁静祷词突然跳进了我的脑中：

上帝，请赐予我宁静接受我所不能改变的；
请赐予我勇气改变我所能改变的；
并请赐予我智慧辨别两者的不同。

我发现对于人格的洞见帮我明白了需要做出哪些改变，为什么这些改变是必须的，以及如何实施这些改变。了解了更多有助于我与自己和解（尽管有时候我更愿意变成另外一种不同的模式）的人格内容。它帮助我理解与我相爱、相处、相合作的人，帮助我接受他们本来的样子，也就是说，与我不同的样子。

它给了我勇气，让我改变我能改变事情（通常，我最重要的改变就是我的思想），同时接受我不能改变的事情（我不能改变的人格特征）。我仍然在学习如何辨别两者的不同，但是我知道，由于我十几年对人格的研究，现在的我成了比刚开始更好的人。

当我最开始以一个青少年的身份学习人格时，我不知道如何处理或者使用这些信息。我几乎没有足够的自我意识来决定我的类型——不管框架是什么——更不用说让它在我的生活中发挥作用了。我可能也问过 Buzzfeed，我该嫁给简·奥斯汀笔下的哪个男主人公，因为在过去它的确给我带来过很好的答案。

　　从那之后，我学到了很多东西。我现在知道了，不管我多么想成为另外一种人，我的一部分都会抗拒改变。我会一直是有着高挑身材、蓝蓝的眼睛和大大的脚的人。就像我会一直是个右脑型的内向者一样，而且我一直需要比其他普通女人更为留心自己的边界问题。当我不堪重负时，会在各种决定间挣扎不已。我永远都不会喜欢响亮的音乐或者拥挤的人群。但是这些东西也不能定义我；他们不会决定我能做什么，不能做什么。我的人格特征不会决定我的命运，但是它们会起到一定的告知作用，而我对此已经坦然接受了。

　　我从来没有严格根据我的人格类型做出过决定。我从来没有觉得我的人格类型决定了自己的责任感。但这些年来，我已经收获了大量的自我意识——很大程度上得益于本书中的人格框架——这些自我意识让我能够对自己的生活，人际关系和工作做出更好的决定。我的人格类型不是限制性的标签，相反，理解我的人格类型向我敞开了可能性的大门。

因为更好地理解了自己，所以我能够更好地在世界中确定自己的航向。我已经学会了如何走出自己的路。之前的盲点，最近并没有像之前那样绊倒我。因为我知道自己可能会在什么情况下脱离正轨，所以更容易让自己的生活始终保持在正轨上。这种知识极大地改善了我的自我管理，并给我与朋友和家人的关系带来了奇迹。我自己没有觉得受到了人格的束缚；相反，理解自己教会了我如何解开这种束缚，从中抽身出来。

我的人格并没有规定我的行为，但它确实帮助我以前所未有的方式对自己的生活进行仔细的思考。如果我的人格就是我用来看世界的镜头，那现在我已经学会了思考它，而非仅仅是使用它。我已经学会了它在哪里能提供给我很好的服务，又在哪里会激起麻烦。我已经能更好地注意自己的镜头与他人的镜头有何不同，而这又可能会导致哪些交流障碍。而且我已经学会如何处理这些障碍。

不用借助外来的力量，理解人格就能帮助我对自己的生活做出明智有据的决定。

准备好摆脱你的限制了吗？

自我发现和自我塑造贯穿了人的一生。没有人会得到全部答案。我们不会完成实现情感或者精神成熟的任务，但如果我们在这个过程中取得重大的进步，那么我们的表现就已经相当不错了。

正如我在引言部分告诉你的那样，我不是一个学者。我是一个同行者，只不过在路上找到一些有用的地图并愿意将其分享给同伴。这些地图不能带你到达需要去的地方——这仍然取决于你——但是它们能让旅程变得轻松点。我们所踏上的这条路并不是一条容易走的路，但是我知道自己会利用得到的所有帮助。

真正了解自己，是你所能做的最艰难的事情之一，但也是最有价值的事之一。你越早开始，就会越快见到收益。

今天就是个开始旅程的好日子。如果你还没有准备好，那就从本书中挑选一个人格框架——随便一个，然后开始全力以赴。进行评估，制定跟进计划，查阅更多阅读资源。然后准备摆脱自己的限制吧！

致　谢

对我的编辑丽贝卡·古兹曼（Rebekah Guzman）和贝克出色的团队，我想说自己非常幸运能够把本书的出版委托给你们。谢谢你们与我合作将这些内容带给读者。

对我出色的经纪人比尔·詹森（Bill Jensen），我要向你和你对新想法的无尽热忱致以最深切的感谢。谢谢你与我一起将这些想法变为现实。

丽兹·希尼（Liz Heaney），到现在我还是不相信自己能够幸运地与你一起工作。你卓越的眼光和聪明的建议对本书内容的提升产生了难以估量的影响。这真的是我的荣幸。

凯瑟琳·伊登斯（Catharine Eadens），让你读了早期那些非常糟糕的篇章，我对此非常抱歉。

埃德·塞泽沃什基（Ed Cyzewski）和克里斯蒂·皮瑞弗艾（Christie Purifoy），你们的第一次阅读给我带来了非常宝贵的价值。

塞思·海恩斯（Seth Haines），我之前都不知道一个INFP

类型的人会对结构有如此敏锐的眼光。我们都知道这正是我所需要的。感谢你帮助我让这本书最终得以成形。

利·克莱默（Leigh Kramer），如果不是因为你对九型人格的热情感染了我，本书很可能就会缺少一章。我对此非常感激，同时非常感谢你为本书所做的事实检查工作和对我本人的友谊，尽管我感谢的顺序不该是这样。

艾琳·奥多姆（Erin Odom），你在关键时期给予了我重要的陪伴和支持。谢谢你的意见、鼓舞和安慰。

基姆·万兹莱姆布鲁克（Kim Vanslambrook），谢谢你陪我散步聊天，教给我很多阅读方法，并且还成为我的 MBTI 的实验对象。

麦奎琳·史密斯（Myquillyn Smith）、塔什·奥克森瑞德、艾米丽·弗里曼（Emily Freeman）和艾米丽·莱克斯（Emily Lex），谢谢你们的聪明才智、直率和善良。

那些成年的女士们：丽莎·巴顿（Lisa Patton）、劳拉·本尼迪克特（Laura Benedict）、乔伊·约旦湖（Joy Jordan-Lake）、玛丽贝斯·惠伦（Marybeth Whalen）和爱丽儿·劳伦（Ariel Lawhon），如果没有你们，我不知道如何才能完成这本书。如何在完成那么多工作的同时，还享有那么多的乐趣？你们就是答案。

玛丽贝斯和爱丽儿，谢谢你们劝我加入你们疯狂的冒险。我从你们身上学到了很多，并且玩得很开心。

金杰、凯蒂、梅丽莎和布伦娜，谢谢你们让我同时能够做几件事，而且做得有模有样。

各位来自世界各地"现代达西夫人"的读者，谢谢你们成为我最好的网上读者，你们给我提供了支持和热情，成为我未成熟想法和整个工作的第一批读者。我也非常感谢我所在的社区。

对"我下面应该读什么"的听众，我想说有一群喜欢阅读的人相伴的感觉实在是太美妙了，谢谢你们的倾听和鼓励，谢谢你们给我推荐的数千本你阅读书目，这比我之前任何书单都要长。

我的父母，我很幸运从小到现你们在一直都在我身旁，谢谢！

最后，对威尔、杰克逊、莎拉、露西和西拉斯，我想说你们永远都是我的最爱，直至下辈子。

后　记

当谈到她的写作和生活时，安妮·博格尔引用了艾米莉·狄金森（Emily Dickinson）的一句话："我居住在可能性之中。"她善于从新的角度去看待旧的观点，并以这样一种方式展现给读者，好像他们是第一次经历这些似的。

2011 年，安妮推出了她的博客：现代达西夫人（Modern Mrs. Darcy.）。博客的名字来自于简·奥斯汀，并没完全投入现有的博客领域（尽管她一直很高兴听到这个博客被称为"一个为书呆子们而写的生活方式博客"），但它很快地就受到了聪明机智、思虑周到的读者狂热追捧。他们喜欢安妮用新鲜有趣的角度处理老旧熟悉想法的手法。

安妮博客的内容通常是关于其读到的书籍或网上的内容。她的书目列表是她最受欢迎的帖子之一。她在读者、作家和出版商之间，以时髦风尚创造者的身份广为人知。在 2016 年，她推出了自己的播客"我下面应该读什么（What Should I Read Next）"，使之成为一个致力于文学传媒，读书疗法和所有关于书籍和阅读的流行演出场所。

安妮和她的丈夫以及 4 个孩子现在住在肯塔基州的路易斯维尔。